アラン・コルバン　築山和也訳

未知なる地球

無知の歴史18-19世紀

藤原書店

Alain CORBIN

Terra Incognita
Une histoire de l'ignorance XVIIIe-XIXe siècle

Japanese translation rights arranged with
Editions Albin Michel
through Japan UNI Agency, Inc., Tokyo

1　ジョアン・クラマ《1755 年のリスボン地震》(1760 年)
リスボン国立古美術館所蔵　(本文27頁参照)

2　メルカトルによる北極地図（1595 年）
（本文55頁参照）

3　仏訳『アレクサンダー大王物語』（1420-1425 年）より、アレクサンダー大王の潜水鐘を描いた細密画　ロンドン、大英図書館所蔵　（本文64–65頁参照）

4　カスパー・ヴォルフ《ラウターアール氷河》（1776 年）
バーゼル市立美術館所蔵　（本文81頁参照）

5　ウィリアム・ハミルトン『フレグレイ平野』(1779年) より、1779年8月8日夜のヴェスヴィオ火山噴火を描いたピエトロ・ファブリスの挿絵　(本文86頁参照)

PREMIER VOYAGE AÉRIEN EXÉCUTÉ DANS UN AÉROSTAT À GAZ HYDROGÈNE
PAR CHARLES ET ROBERT, Le 1er Déc. 1783. DÉPART DES TUILERIES.
COLLECTION 476.
1re Série (N.° 5)
ROMANET & Cie IMP. EDIT. PARIS.

6　ロベール兄弟の気球（1890 年代のカード）

（本文110頁参照）

7　カスパー・ダーヴィト・フリードリヒ《雲海の上の旅人》(1817 年頃)
ハンブルク美術館所蔵　(本文135頁参照)

8　ウィリアム・ターナー《カルタゴ帝国の衰退》（1817 年）
ロンドン、テート・ブリテン所蔵　（本文135頁参照）

9　ジョン・コンスタブル《雲の習作》（1822 年）
ロンドン、テート・ブリテン所蔵　（本文147頁参照）

10　ガルロンの宇宙儀（1900 年）

（本文229-230頁参照）

未知なる地球

目次

第Ⅲ部　地球と無知の減少（一八六〇―一九〇〇年）　161

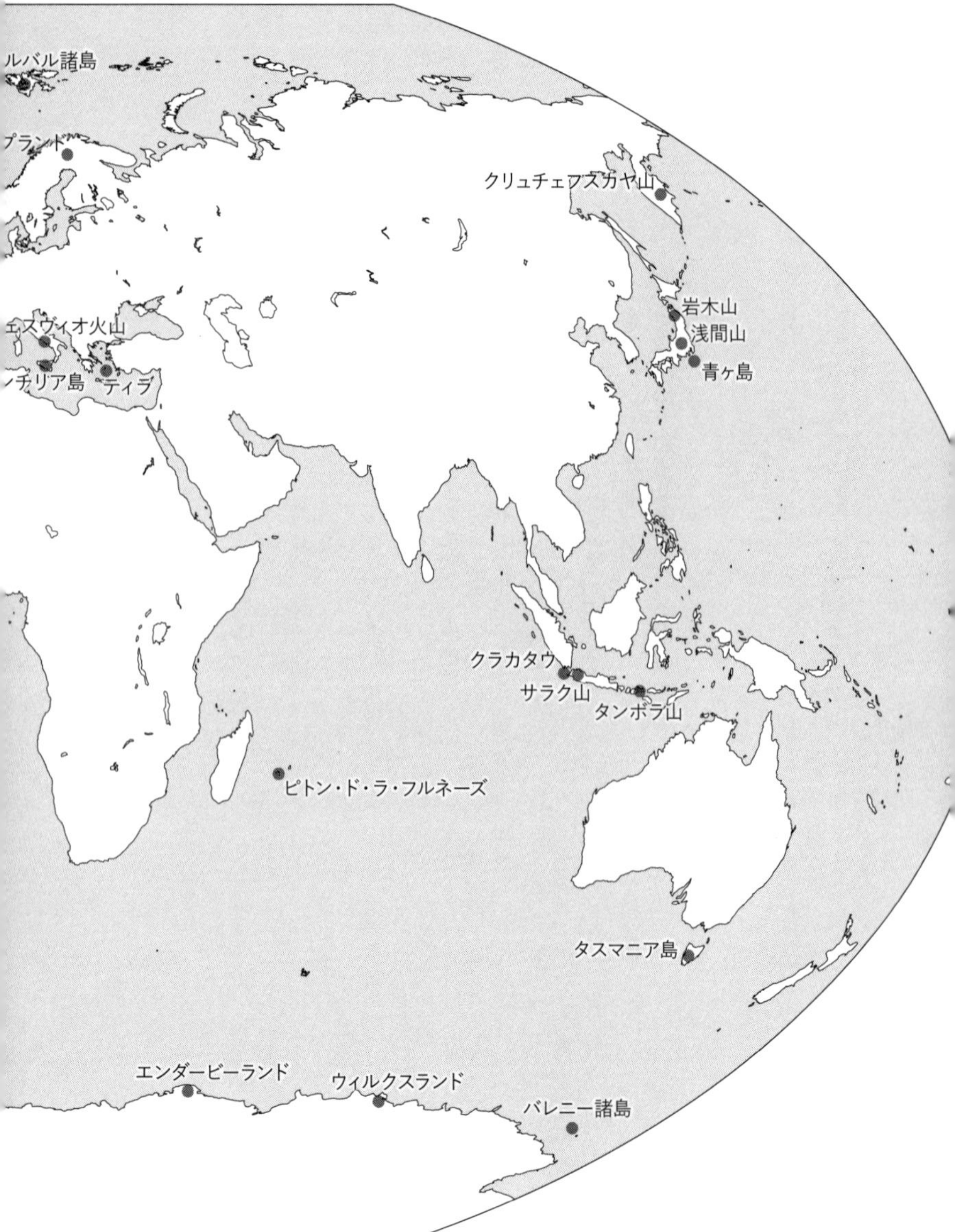
ルバル諸島
プランド
クリュチェフスカヤ山
岩木山
浅間山
青ヶ島
ェスヴィオ火山
ンチリア島
ティラ
クラカタウ
サラク山
タンボラ山
ピトン・ド・ラ・フルネーズ
タスマニア島
エンダービーランド
ウィルクスランド
バレニー諸島

本書関連地図

グリーンランド
バフィン湾
ラキ火山
ニューファンドランド島
リスボン
アゾレス諸島
テネリフェ島
マウナケア山
キラウエア山
ポポカテペトル山
コトパクシ山
チンボラソ山
リマ
アデレード島
グレアムランド

凡例

一　訳注は〔　〕で本文中に記した。
一　著者自身による引用文の中略は［…］で示した。
一　大文字による強調は〈　〉で示した。
一　日付、人名などの明らかな誤記は訳者の判断で訂正した。
一　原書に無い小見出しを補った。

未知なる地球

――無知の歴史　十八―十九世紀

「ああ！　知らないことをもとにすれば、何百冊もの本が書けることだろう！」とミシェルは叫んだ。

（ジュール・ヴェルヌ『月世界へ行く』一八六九年）

序

包括的な歴史は、無知の歴史を前提とする

地球について人間が知らなかったこと

知識不足を探知し、無知を徹底調査して、その度合いを測ることは、過去の人間の理解を目指すあらゆる歴史家にとって前提として重要である。知識に社会的格差があるということについても同様だ。誰も目を向けていなかったことにせよ、それを知り得る状況になかったことにせよ、人間が何を知らなかったのかを見極めなければ人間を知ることなど不可能である。そうしたやり方は多くの領域に広がっている。たとえば、病気の理解や治療法など身体に関するあらゆる物事を考えてみればよい。しかしながら、あらゆる無知の歴史を語ることは不可能であり、無知を全体性として取り扱うことは無理な相談だろう。知らなかったことの輪郭線を浮かび上がらせるには、一つの領域を選んで、そこにある知識の不足や乏しさを調査することが必要なのだ。

本書ではただひたすら地球に目を向けてみよう。地球がもつ謎の消失や継続に、また地球が様々なかたちで掻き立てた恐怖や驚嘆の激しさや、場合によってはその衰退に目を向けてみよう。それは結局のところ、科学や発見の歴史を無知の消失や無知に由来する想像や夢想の消失にからめて解き明かすことになるだろう。

その点では、無知の社会的格差を検討するにおいて、謎の多様な形態を区別することが重要となる。一、踏査が不可能であったがゆえに、その当時としては想像することしかできなかった謎、二、たとえば、地震、火山、乾いた霧のような、観察可能ではあったが説明不可能であった謎、三、山地を舞台とする探検やいくつかの大陸の内陸部にあった「空白地帯」の探検がそうだが、無知を漸進的に減少させた調査探検の領域に属していた謎、などが挙げられる。

この話をよく理解してもらうために、ジャン・ベシュレル〔歴史社会学者〕の言葉を引こう。ベシュレルによれば、先史時代の人間の小集団においては、他の者たちが知っていることを知らない者は誰一人いなかった。低地ノルマンディーの田園地帯に位置する、私が幼年期・青年期に暮らしていた村では、ミサの帰りに村の中心部のカフェに集っていた「農民たち」のほとんどは容易に会話することができた。それは、牧畜の技法にせよ、手工業的な技芸にせよ、小学校で習ったことにせよ、あるいは——年配者にとっては——戦争体験にせよ、彼らが皆ほぼ同じことを知っていたからだった。司祭、医師、教員、獣医師、公証人を別とすれば、無知は共有されていたのだ。だがすでに、電気技師や自動車修理工が村で開業したこともあって、ごくわずかではあるが階層化が広がっていた。

バルザック、ゲーテ、ディケンズ、スタンダールを読むとき、われわれとしては彼らの地球に関する表象がどんなものであったのかを想像して理解に努めなければならない。地球は謎に満ちたものので、彼らの目には理解不能であるだけに余計に恐ろしい様相を帯びたものであった。地球の表象は文化的残骸に深く刻み込まれたままで、ましてや教育を受けていなかった者にとってはなおさらだった。だが十八世紀からすでに、「学者」――「科学者」ではなく――と称される人々と西洋の一般大衆とのあいだには無知の階層化が広がりつつあった。そのような方向性で考えていくと、知りたいという欲望の格差、あるいは哲学者がアウグスティヌスに依拠して知識欲（libido sciendi）と呼ぶものの格差の歴史を問うことにもつながっていくだろう。フローベールの『ブヴァールとペキュシェ』を意義深いものにしているのはまさにそれであって、フローベールは皮肉なやり方で、十九世紀半ばの事務職員たちが苛まれていたと思われる無知の深さと法外な知識欲の激しさを同時に暴き出しているのである。

したがって私が目的とする知識不足の探知は発見のペースと大衆化のペースの両方に狙いを定めたものとなるだろう。つまり、地質学、火山学、氷河学、気象学、海洋科学のいずれにせよ、地球に関する科学的発見の社会的浸透が問題となるのであり、一方で、地球の形態的表象、その歴史の奥行きや地理の表象、「空白地帯」の漸進的消滅の表象、極地の謎を解明するための試みに関する表象も視野に入れたものとなるだろう。われわれにとって困難なのは、われわれが抱いている地球のイメージを想起しないようにすることだが、それが本書の目的あるいは挑戦でもあるのだ。

「無知」とは何か

ここで取り上げる時代を通して、地域主義の、生や視覚の領野の限定の支配あるいは少なくともそれによる抵抗がみられる。それは空間の広さに関してわれわれが抱いている知覚に反するものだ。そのことは、十六世紀以来、各地方で記録され、次第にその輪が広がって二十世紀半ばのジェット気流の発見に至った気象現象の知覚の歴史において、とりわけ顕著である。

無知の階層化の進展に向けられた本書では、無知が人間の幸福に背く悪いものだとは必ずしも考えられてはいなかったことが——驚くべきことに——明らかになる。実際、啓蒙が進んだことや知識欲（libido sciendi）が徐々に満たされていったことにたいしては、当時、それを非難する者もいたのだ。また、われわれは啓蒙には負の側面があったことも知っている。ベルナルダン・ド・サン＝ピエール〔フランスの博物学者、作家〕が一七八四年に長々と書いた、無知の巧妙なる賞賛を引用してみよう。彼によれば、無知は想像を刺激して世界を驚異的なものにする。「無知のおかげで、私はわが魂の本能のなすままとなる」と書いている。遠出をすれば、城主のことをまったく知らないときほど景色を味わえるという。館を見れば大体その城主の名声は分かるのだ。要するに「土地についての無知が、私にはその知識よりも役に立つ。この森が素晴らしいと思えるには、森が僧院に帰属するのか、はたまた公爵領に帰属するのかを知る必要はない。古木、奥深くの林間の空地、人気のないひっそりとした場所があれば十分なのだ」。啓蒙（光）の伝道者たちが考えるのとは反対に、「夜が日光の輝き以上に大いなる無限の観念を与えてくれる」[1]のである。

続いてベルナルダン・ド・サン＝ピエールは、この先でまたみることになる自然神学に感化されて、無知は神への信頼を促進すると書いている。「無知のおかげで、私はわが魂の本能のなすままとなる。」「無知は科学よりも容易に私を無限のなかに投じ入れてくれる。」さらには、無知は不安を鎮める手助けとなるとも。「無知はどれほど多くの不幸をわれわれの目から遠ざけてくれることか。」そのことから、無知は逆説的に「われわれの快楽の尽きせぬ源泉」[2]なのである。

このような闇の魅惑はロマン主義的西洋における文人紀行家の何人かのなかに再び見出されることになるだろう。彼らは世界についての判断を下すに際して、同時代の科学が教えてくれたものよりも、古くから伝わる、あるいは時代遅れの典拠によって導かれていたのである。

私が提示する目標は多くの困難にぶち当たる。第一の困難は、地球を人間のものとして知覚する現在の表象に由来する。われわれは地球について責任を感じているが、その責任は十九世紀にはまだ生まれたばかりのものだった。人間中心的ともいえる、現代に広がる脅威の意識は、いまや神的というよりも人間的なものとなった終末感に属している。われわれを十八世紀や十九世紀の理解から遠ざけるそのようなプロセスは、二十世紀の中頃から急速に加速している。おそらく過去には、人間の一生においてこれほど多くの知識が個人によって吸収されたことはなかっただろう。科学の分野においては無学ではあるが、私はそれを痛切に感じている。その評価は私の同時代人に託そう。

一九四六年七月一日月曜日、私はフレール・ド・ロルヌ〔ノルマンディー地方の自治体〕にあるカトリックの中学校で寄宿生だった。その施設の院長、かなりの年配と思われた司祭は哲学の学士で――のちに知ったことだが――二十世紀の初めにエミール・デュルケームの講義を受けていた。その人物は私がいた教室のドアを開け、私たちにその日の午後の授業は中止で、地球に祈りを捧げるため（本人の言葉）礼拝堂に向かうようにと告げた。実際、彼の言うところでは、アメリカが広島、長崎を破壊した爆発よりもはるかに強力な原子爆発を起こそうとしているとのことだった。そのような恐ろしい実験が地球を破壊するか、そうでなくとも荒廃させてしまうのではないかとさえ思えた。私たちは窮屈に並んで、礼拝堂にたどり着くと、祈りを捧げた。壊滅的なことは何も起こらなかった。

この逸話を語ったのは、それが取るに足らないことではないからだ。院長は私たちを、そうとはよく知らぬまま、今日われわれが人間中心の時代と呼ぶものに容赦なく入り込ませたのだ。つまり彼は人間が地球と呼ばれるものにとって恐ろしい弊害となっているという意識を私たちに植えつけたのである。

しかし私の心中は複雑だった。その施設の食堂では沈黙がルールで、食事の間、上級生の誰かが本を音読することになっていた。私はそれを注意深く聞いた。一九四六年から一九四八年にかけて、三冊の本が私にとって印象深かったことを記憶している。一冊目は、ほとんど未知だったアフリカ中心部の、奴隷売買はあったが食人的ではなかったトンブクトゥに赴き、ルネ・カイエ〔フランスの探検家〕が一八二四年から一八二八年にかけて行った探検の記録である。二冊目は、私の脳裏に刻み込まれているが、南極点到達を試みたものの、むなしくもその途上で非業の死を遂げたスコット隊長の遺体から発見された手帳に関するものだった。その二年後、上級生が音読したのが『神秘の島』〔ジュール・ヴェルヌの小説〕で、私もその上級生の一人だった。要するに、院長が私たちを人間中心の時代に導いていたとはいえ、私たちの想像世界を豊かにするために音読された本の数々は、地球がはるかに不可解で恐ろしかった時代に遡るもので、その地球は第二次世界大戦直後に私たちが知ることのできた地球とはきわめて異なるものだったのだ。そのようなずれは私の心のなかではジュール・ヴェルヌの数多くの小説を貪り読んだことによって強まった。

ときに私は、一九五七年以前、つまり、それ以後、地球の映像が全体像として上から見たあらゆる角度から繰り返しテレビに映し出されることになる宇宙開発の黎明期以前に、自分が地球の外観をどのように思い描いていたのか考えることがある。今日、私にとって驚きなのは、プレート構造が話題となり、それによって地震が説明されるようになったのは、私が三十歳を過ぎてからのことだったという事実である。

今日、極地の氷がボーリング調査で採取され、地球の過去に関する知識は一変した。また、ナノテクノロジーによって、地球に住む人間の時間的な奥行きに関する知識も一変した。一言で言えば、私たちが地球、あるいはこの「惑星」を思い描く仕方は激変しているのだ。温暖化や、人間中心の時代、その短期的な脅威が繰り返し語られているが、そうしたものをはるかに上回る仕方で激変しているのである。

そうした直感が無知の歴史への関心を掻き立てる。それぞれの時代に生きた人々を深く知るために、歴史の各時代について知識不足を探知し綿密に調査することに向けられる関心である。

第Ⅰ部　啓蒙時代における地球知識の乏しさ

第一章　リスボンの「大惨事」（一七五五年）

災害と「神の手」

リスボン地震の重要性を位置づけ理解するためには、過去に遡って、中世以来、人間の心のなかで大きな自然現象がどのような波紋を広げてきたのか大まかに描き出す必要があるだろう。一三四八年十一月二十五日、ペトラルカはナポリ湾に大きな被害を与えた津波に遭遇し、それについてこう記述している[1]。

私は眠りについたばかりだったが、窓だけでなく、石造りの丸天井を備えた堅牢な壁自体が土台まで揺れ、突然、激しい物音とともに振動し始めた。通常は就寝中に点灯している常夜灯が消えた。私たちはベッドから飛び起きて［…］死に瀕しているという恐怖に襲われた。［…］

私たちが宿泊していたのは僧侶たちの家だったが、彼らは十字架と聖遺物を手に持って大声で神の慈悲を懇願しながら［…］なだれ込んできた。［…］
何たる雨、風、雷鳴、空の轟音、地震、海の唸り、人間たちの悲鳴であろうか。

その一世紀後、ナポリに駐在していたシエナの大使ビンドは、一四五六年十二月四日に当地で起こった地震について記述し、住民たちの反応を伝えている。「男も、女も、子供も、大きな悲鳴、悲痛なうめき声、重苦しい嘆き、怒声を発し、真夜中に裸で家の外に出て来た。幼い子供を首にぶら下げて……。」

そうした地球の恐ろしい表出は、近年ジャン・ドリュモーが明らかにした恐怖心が支配する雰囲気のなかで展開した[2]。当時の人々はそこに神の手の存在を、あるいは付随的に悪魔の仕業を読み取った。その背景にあったのは、〈大洪水〉――それについては詳細に後述する――、ソドムとゴモラの破壊、そして〈黙示録〉といった、聖書で語られる暴力的な逸話である。災害――まだ「大惨事《カタストロフ》」という言葉は使われていなかった――に遭遇したとき、カトリックの説教や数多くの文化的実践を受けて育った当時の人々はそれが罪人を懲らしめるための天罰だと考えた。自己や共同体の救済にたいする配慮が人々の心理的な反応の根源にあった。重要なのは天国に行くことであり、神の怒りは当然のことだと思われた。

トマ・ラベは、そのような観点からすると、自ずと起こった混乱は神にたいする非難ではなかったと指摘している。天罰が正当であるという感情や保身を求める感情が、そのような反応を避けるのには十分だった。同時に、解釈は田舎でも都会でも地域的な視野に支配されていた。遠方はほとんど、あるいはまったく考慮されなかった。また、十五世紀以前、あるいは災害についての知識が芽生え始めた十六世紀初め以前には、惨事の物質的側面は主要な関心事ではなかった(3)。

しかしながら、ゆっくりとした変化が十五世紀、すなわち中世末期と、本書の出発点である一七五五年の間に起こった。その頃、地震はきわめて多く、一六〇〇年から一八〇〇年にかけて、そのうちの少なくとも二七件の地震が重大な被害をもたらしている。解釈に関して言えば、変化はきわめて早い時期に起こっている。災害はいまだ神が引き起こすものではあったが、神の怒りの表れとして——つまり天罰として——ではなく、地獄行きにならないようにと送られた神の慈悲深い合図として捉えられていた。多くの超自然現象もそのような観点から解釈されている(4)。

他にも天罰の力を軽減する進展があった。それは第二原因、すなわち、自然のなかで神が直接手を下すことはまれであり、神は自然をなすがままにするという信仰が少しずつ考慮に入れられるようになったことである。

十七世紀以降、神の手の介入についての解釈が広がった。その解釈は本書で取り上げる時代を理解するには欠かせないもので、その重要性を私は近年強調したところだが、問題となるのは、英国国教会信者が日々家庭で行っていた旧約聖書の〈詩篇〉読解に裏打ちされた、オックスフォードのプロテスタント学者たちによる物理神学である。大陸ではやがて「自然神学」と呼ばれるそのような潮流――ブレモン神父はそれを詳細に研究している[5]――は、地球を神のプランに呼応する驚異的なものとして措定する。地球が表す暴力的な事象について多少は目をつぶって、その美しさを称賛するのがよいとされた。地球に向けたそのような驚嘆はプリュシュ神父〔一七三二年から刊行された『自然の光景』の著者〕やベルナルダン・ド・サン＝ピエールが称えた万象摂理説につながっていく。

その結果、リスボンの震災以前、十六世紀および十七世紀において、〈大洪水〉――レオナルド・ダ・ヴィンチを除いては、その実在自体を疑う者はまだいなかった――の表象は、一連の疑問によって修正を被っていた。人々はそのメカニズムやそれがもたらしたとされる様々な影響の可能性そのものについて少しずつ疑問を投げかけた。一つ、あるいは複数の〈大洪水〉があったのだろうか？ともかく、そうした疑問は当時としてはエリートだけに関わるものだったということは認識しておこう。

そうした確信や疑問を下地として、一七五五年十一月一日のリスボンの「大惨事《カタストロフ》」――一七二一年のモンテスキュー『ペルシア人の手紙』にその言葉が登場している――が起こったのである。その史実を語ることは本書の目的ではないが、その地震によって明るみになった無知の階層化の歴史にその出来事が関わっているかぎりにおいて、それに触れておかなければならない[6]。

一七五五年以降、十八世紀の中頃においては、アンヌ＝マリー・メルシエ＝フェーヴルが強調するように、大惨事はもはや単に合図であるだけではなく出来事であった。「大惨事は次第に世界や人間を異なったかたちで考えることを可能にする概念となっていった[7]。」宗教的な参照を超えて、大惨事は分析の対象となり得たのだ。もはや宗教だけに「大惨事」を論じ、その理解を試みる作業が委ねられているのではなかった。とはいえ、慎重でもあるべきだろう。天罰という考え方、永遠の地獄行きにたいする恐怖、救済というもっとも重要な目的は、それでも人々の意識から消え去ったわけではなかった。いまや分析可能と目される「大惨事」は、慈悲深い神が与えてくれた人生の他動性を思わせずにはいなかったのである。

リスボン地震の発生

一七五五年十一月一日、万聖節のその日、午前九時四〇分にリスボンで九分間に四度の揺れが起こり、空は硫黄臭い蒸気に包まれ薄暗くなった。しばらくして、高さ五、六メートルの津波――今日ではフランス語でもツナミと呼ばれるものだ――が街に甚大な被害を与えた。十一時頃に余震があった。一方で火災も発生し、それは五、六日続いた（口絵1参照）。略奪によってパニックは倍増した。もっとも被害の大きかった地区は市街中心部の下方の地区である。

今日では死者は一万人と推定されている。そのなかには名家の人たちはほとんどいなかった。彼らはその頃、田舎にいたのである。当時、国王とその家族はベレン〔リスボンのテージョ川河口の地区〕に住んでいた。

リスボンは、凋落気味ではあったものの、アムステルダム、ロンドンに次いでヨーロッパ第三の港だった。商品の破壊は甚大だったが、当時の人々にとっておそらくそれ以上に深刻だと思われたのは、カトリックの主要都市の一つであるこの街で、総主教大聖堂を含む一六の教会が倒壊したことである。同時に、オペラ座や貴族が所有する三三の邸宅が破壊された。

「災厄」のニュースがどのように広がったのか、少しみてみよう。地震は西ヨーロッパ全体に広がったが、新聞雑誌が情報を入手したのは地震から約一ヶ月後のことでしかなかった。ドイツで最初にそれを報じたのは十一月二十一日の『ガゼット・ド・コローニュ』紙である。翌日、『ガゼット・ド・フランス』紙も配信している。月末にはニュースはドイツ語のほとんどの新聞雑誌で報じられた。一八五六年二月まで、「災厄」はしばしば「恐るべき大惨事」として記述された。新聞雑誌が強調したのは破壊の大きさである。一七五五年十一月二十九日の『ガゼット・ド・ベルン』紙は「リスボンの八分の七の住宅が六、七分で倒壊した」とし、また、三つの火山が火災を引き起こし、百から一三〇人が瓦礫の下敷きになったと報じている。

とくに強調されたのは、ヨーロッパでもっとも活気のある都市の一つで商業が崩壊したことだった。三流紙、暦書も遅れをとることなく、聖書に書かれた大災厄を多分に引き合いに出しながら、この世の不安定性を際立たせる出来事をくまなく、センセーショナルに暴き出そうとした。「大惨事」という言葉に関して言えば、リスボン地震の直後、新聞雑誌のすべてで大量に使われた。とはいえ、とりわけドイツにおいては、「厄災」が繰り返し報道されたことによって、楽観主義や神への言及が根底から揺るがされたわけではないようだ。

地震の歴史は同時に、揺れとその影響、さらには地動と呼ばれる地下のメカニズムに関係する。

かつての社会は、ここでは十八世紀の社会だが、地震の原因を掌握していなかった。だが地震はきわめて多く、一六〇〇年から一八〇〇年にかけて、少なくとも二七の地震が重大な被害をもたらしており、とくに一七五〇年代は十七世紀、十八世紀における第二の地震活動活発化の時期となっている。リスボンの「大惨事」以前でそうだったのだ。

地震のメカニズムについての無知は耐えがたいもので、惨憺たる帰結を抑制することは難しかった。地震に関する数多くの文献では、原因が分かっていなかったため、まず問題となったのは該当する地域、被害、混乱にたいする行政組織の対応、情報の伝播、そして残された災害の記憶である。また、地震に関する想像は都市の破壊に集約されていた。

十七世紀にフランス王国で起こった数多くの地震はほとんど知られることなく、情報はせいぜい地方や地域のレベルにとどまった。それにたいして十八世紀の後半においては、フランスで起こった地震は数百の物語や学術的な議論、数十の定期刊行物の論文、地図、目録の対象となった。学者たちはフランスで起こった地震を考慮に入れていたのである。その点では、一七五五年から一七六四年の間の時期がもっとも示唆的で、その後、関心はやや低下した。好奇心の芽生えはリスボンの悲劇以前のことだが、その悲劇が一時アクセルの役割を果たしたことは強調しておこう。

地震をめぐる知識と感情

本書の目的からすると、もっとも重要なのは、学者たちがこの大惨事の発生過程と推移について考えたことである。一七五五年以降、科学アカデミーは本格的な地震研究方針を打ち出し[8]、地震に関するアーカイヴを構築した。一七五六年五月一日の『ジュルナル・アンシクロペディック』誌には、次のように書かれている。「すべての物理学者が地震の本当の原因を探ることに専念している。きわめて優秀な学者たちの集まりでもそれが話題となっている。」また、本書に関するところでは、「無学者すらもそれについて語っている。要するに誰もが自然のあの恐るべき秘密を暴きたいと思っているのだ[9]」。

その当時、閲覧室、教習本、科学出版物が増大していた。十八世紀最後の二五年間はとくに科学についての大衆的な議論が盛んな時期だった。そのような状況下で、地震が提起した問題は十八世紀末においてもいまだ強力な存在感を示していた。サロンにおいても、相変わらずそれが話題となっていた。空中旅行が引き起こした流行になぞらえて、「地球流行[10]」と言えるかもしれない。田舎においても、大衆は完全にその流行の外側に置かれていたわけではなかった。火山にたいする好奇心が地震にたいするそれを上回る傾向にはあったが、科学界における無知が引き金となった好奇心、懊悩はこの十八世紀末には絶大だった。パリでは、リスボン地震を題材とした芝居が十九世紀初頭まで上演された。オルレアンでは一八七八年にはまだ、ジャンヌ・ダルクによるこの都市の解放とともに、リスボンの地震が「人形機械」の演目となっていた。

震災に続く半世紀の間、地震の起源について学者たちの意見は割れた。リスボンは議論の場を作り出したのだ。三種類の説明が提示された。一つ目は地下の発火、とりわけ硫黄質や瀝青質の発火に言及するもので、地震を地下燃焼として示していた。二つ目は十八世紀後半に支配的だった大気の膨張に依拠したもので、それが揺れを生み出すとした。こうした説明は気体の物質的性質の研究が流行したことに呼応している。世紀末に流行した電気理論は三つ目の説明の土台となっている。地震はあらゆる導体に電流が一気に広がることによって引き起こされるとされた。

いずれにせよ、本書に関するところでは、人々は以後、救済にたいする懸念とは無関係に、「大惨事」を理解し、解釈し、その影響から身を守ることを企て、地震と人間との関係を推し量ろうとするようになる。さらに、「大惨事」は地球に関する諸科学を活性化させた。

同時に、化石にたいして集中的に関心が向けられたことや地層の研究が緒に就いたことによって、〈大洪水〉の単一性や普遍性が限定的な複数の洪水という考えに沿って（再）検討され、また地球の年齢についての表象も変化した。

リスボン地震とそれに続く一連の大惨事は、災害がもたらす影響についての感情的色彩を変化させた。以後、災禍の描写や科学的観察は犠牲者にたいする哀れみや同情の高まりを伴った。そうした感情はもはや収束することなく、ときに悲劇を美化しようとする欲望がそれに付随した――それについてはまたあとで触れよう。神の怒りにたいする恐れを別の恐れが引き継いだのだ。われわれの知る、文明の時間的短さにたいする恐れである。

より詳細にリスボン地震の認識的および感情的影響について考えてみることにしよう。地震を題材にしたヴォルテールの詩編が、〈創造主〉の善意そのものやライプニッツが『弁神論』で唱えた楽観主義を根底から揺るがす目的をもっていたことは、長い間、繰り返し言われてきたことだ。それは確かだが、おそらく若干の訂正は必要だろう。ヴォルテールはドルバック〔無神論を唱えたドイツ出身の哲学者〕とは反対に自身の省察や告発から神を完全に排除することはなかった。おそらく、自然災害を完全に脱宗教化させるには時期尚早だと彼には思えたのだろう。

その点では、「世界を変えるのは神の意志ではなく物質に内在する運動である」[11]とするディドロはより明快だ。一方、ルソーは、自然災害——火山噴火、大地震、落雷による大火災——は社会状態の根源にあると考えた。なぜならそれらは損失を回復するべく人間の一大団結を引き起こしたからである。

地球表象の歴史のメルクマール

本書の目的により近いのは、リスボン地震がもたらした無知の減少である。地震は知りたいという欲望（libido sciendi）を活気づけた。その点において、この大惨事は転換点となっている。新聞雑誌に加えて、自筆通信——すなわち、私信、手書きの情報——が大きな役割を果たした。また、原資料は口頭記憶の重要性を示しており、それが十九世紀末までリスボン地震の痕跡を保ち続けた。グレゴリー・ケネはその出来事が「ヨーロッパに前例のない、おそらくフランス革命まではそれに匹敵するもののない空間の統一を可能にした」[12]とみている。世論において、リスボン地震は多くの人々の命を奪う災禍の原型となった。この地震によってその四年前の一七五一年に起こったリマ地震は霞んでしまった。

われわれはリスボンの大惨事を各時代の人々による地球表象の歴史におけるメルクマール、転換点として考察することを選んだ。その日（一七五五年）から十九世紀最初の数十年の間には、一連の疑問が湧き起こり、多くのテーマが激しく議論された。それによって、無知や未熟が明らかになり、同時代の人々が、もっとも教養ある人たちも含めて、いかに不確かな方法で地球を思い描き、その秘密を解き明かそうとしたのかが明らかになる。

まずは、社会層によってバラツキのある、そうした広範な疑問の主な対象を手短に列挙することにしよう。
一、地球の年齢はいくつなのか？　地球に関係する時間の尺度で、その歴史をどう考え、何が言えるのか？
二、地球の内部は何でできているのか？　火、水、あるいは粘着物質だろうか？　それが不確かなために、地震について疑問を抱き、様々な学説を打ち立て、そして、それが本当の意味で流行になったときには、火山に目を向け、その壮大な光景が掻き立てる解釈を次々と提示することにつながった。
三、一連の疑問は到達不可能だった極地に関連していた。北極、南極に内海は存在したのだろうか？　海氷の存在そのものをどう考えたらよいのか？
四、登山の最初期以前において、地層の形成、山の形成をどのように思い描いたらよいのか？

五、氷河とその周辺の地形をどう考えたらよいのか？

六、シベリアで発見された化石のような、初期の大規模な化石にどのような意味を与えればよいのか？

七、暴風雨や嵐に大いに魅了されたこの時代にあって、その発生をどのように考え、その猛威をどう説明したらよいのか（遠方、つまり空間の再解釈がわずかながらではあるが考慮され始めたこの時代――それについてはまたあとで触れる――に）？

本書の目的に関するところでは、確かなことの乏しさ、共有されていた無知の大きさを強調しておかなければならない。内容のある重大な疑問を抱いていた者も、そのような疑問を抱かなかった者と同じ程度に、それについてほとんど知ることがなかったのだ。アリストテレスの諸学説――何世紀もの長きにわたって知識欲（libido sciendi）を満足させるのにそれで十分だった確かさの母体――が権威を失って以来、この啓蒙時代の真只中にあって、多くの疑問が学者たちに投げかけられた。だが、この先でみるように、地球に関しては無知の減少はほとんど確認することができない。ディドロとダランベールの『百科全書』や他の学術事典を読んでみると、無知ではないにせよ、不確かな情報が並べられていることがよくわかる。

第二章　地球の年齢

「大洪水説」にもとづく地球史

三〇年ほど前、私は海辺に座って岸辺の岩礁を眺めている二人の人物を思い浮かべた。[1] 一人は大洪水の名残を見ているのだと思っている。同時代のもう一人は、地球の年齢や内部構造についての新しい学説に精通し、地質の数十万年にわたる歴史の結果と思えるものを目にしている。私が「無知の階層化」と呼ぶものをまざまざと見せつける想像的な状況である。ここで、二人の観察者のうちの最初の一人はおそらく大多数の人々の代表者といえるだろうが、それを証明することは不可能だ。なぜ大洪水への参照が相変わらず支配的だったと考えられるのか？　なぜ時間性についての想像の転換がおそらく長い間、限定的だったと考えられるのか？

そうした疑問に答えるには、〈大洪水〉が実在したというパターン化された記憶が維持されていたことだけでなく、地球が長い歴史を――すなわち、文字どおり地質学的歴史を――もっと考えることが聖書に書かれた歴史の全体性と対立していたという事実を考慮に入れなければならない。聖書に書かれた歴史は〈大洪水〉だけでなく、様々な持続の表象全体に関わるのである。すでに十七世紀には、プロテスタント大司教アッシャーが地球の年齢を四千年とする『年表』を発表している。

その点において示唆的で、重要なのが、ボシュエ〔王権神授説を唱えたカトリック司教〕の著作で、それは注目に値する。ルイ十四世の王太子を教育する目的で書かれた『世界史叙説』のなかで、ボシュエは〈創世記〉で語られる出来事を地球の歴史のそれまでの長さの根拠としている。(2) ボシュエはとりわけ、連続性を本当の意味で解決することなく、世界の最初期を当時知られていた歴史の誕生と結びつけた。そうすることで、特定できると考えた地球のまさに起源から〈創世記〉の出来事の単なる読解に至る自らが作った年表に根拠――少なくとも彼にはそう思えた――を与えたのだ。

ボシュエは本の余白に世界の「創造」からカール大帝の治世に至る各出来事の年代を記している。よく知られている年代、たとえば、ローマ帝国の歴史を印づける年代が書かれていることによって、ボシュエがその根拠も説明せずにでっち上げた原初の年代の現実性が確かなものとされているのだ。

そのやり方を詳しくみてみよう。ビュフォン〔十八世紀フランスの博物学者〕がのちに行ったように、ボシュエは歴史を「いくつかの時代に」分けた。そのうちの最初の時代がわれわれにとっては興味深い。その時代はボシュエが本の余白で「第一世界元年」、紀元前四〇〇四年としている〈天地創造〉の「一大スペクタクル」によって始まる。それはつまり〈天地創造〉を『世界史叙説』執筆の五六八二年前に位置づけていることになる。二つ目の年代は、著者によれば、地球が〈堕落〉以後、人で満たされ始めた年代、すなわち第一世界一二九年である。ということは、地上の楽園のエピソードはせいぜい百年程度のことだったということになる。

年代を記すべき最初の大きな出来事は、もちろん〈大洪水〉である。ボシュエはそれを第一世界一六五六年、すなわち紀元前二三四八年としている。そこから、よく知られている歴史の様々な出来事の原点にある「人間生活の減少、生き方の変化」が始まったと彼は書いている。

十七世紀後半の三〇年間における信頼できる傑出した人物であるボシュエが唱えた約六千年という長さから知ることができるのは、地球の歴史の長さについて、少なくともそのような疑問を抱いたときに、当時ごく一般的にどのように考えられていたのかということである。ところで、当時の人々の想像力が、〈創世記〉を抜け出して、のちの革新を先取りするような別の時間的長さを想起させることはなかったのだろうか？

一六九二年に発表されたラ・ブリュイエール〔フランスのモラリスト作家〕のテクストは、十七世紀における地球起源の推定を取り扱った著作――その一部でも――のなかではこれまで引用されておらず、また解釈が難しいものだが、ここで取り上げるに値しよう。『カラクテール』の著者は、神の実在性を自由思想家たちに証明しようと、たとえ〈天地創造〉の年代がかなり昔に遡るとしても――それはあり得ない話だと言外にほのめかしてはいるが――神の実在性が揺らぐことはないとしている。[3]ラ・ブリュイエールは「数百万年、数億年」という数字を挙げて、「要するに、神の時間の長さに比べれば、どんな時間も一瞬にすぎないということだ。神の大きさに比べれば、世界のどんな空間もただの一点、ちっぽけな微粒子にすぎない」とし、さらには「地球と呼ばれる埃のかけらが何なのだ」とも書いている。

テクストは、十七世紀が終わりに差し掛かった頃に、この二十一世紀の初めに生きるわれわれが現実だと思っている歴史の長さにかなり近いものを想像の上で地球に与えることが——たとえそれがあり得ないこととして語られていたとしても——考えられたということを示している。

ビュフォンによる年代推定

大洪水説——すなわち、〈大洪水〉によって地球の様相を説明しようとするもの——は、『世界史叙説』の執筆以後、一世紀以上の間、存在し続け、地球の年齢を推定しようとする試みがそれに伴うことはなかった。とはいえ、ボシュエの推測やアッシャーの推測[4]と比較して、ビュフォンが一世紀後——おそらく一七四九年頃——に提示し、一七七八年に刊行した推測[5]を検討するのは当然のことだろう。『自然の諸時期』と題される著作において、推定の根拠となるのは、聖書の読解ではなく、地球の熱そのものは火成状態で地球が形成され始めたときから徐々に進行する冷却のプロセスによって生み出されるという確信である。ビュフォンにはそれが反論の余地のないことに思えた[6]。

こうしてビュフォンは、地球がガラス質の物質で構成されていると主張し、地球の冷却段階の、すなわち地球の歴史の年代を推定しようと努めたのである。ビュフォンは過冷却によって地球はやがて消滅するだろうと考えた。ビュフォンは新約聖書の〈黙示録〉に代わる熱学的終焉を予告し、そのような出来事は九万三千年後に起こるだろうと推定している。そのとき地球、人類、動物相、植物相は凍りついて滅びるであろうというのである。

地球の歴史を展開させてきたとビュフォンが考える七つの段階をみてみよう。第一段階では地球は融解状態の塊(7)だった他の惑星と同様に楕円形であった。一七三六年と一七三七年のモーペルチュイ〔フランスの数学者。ラップランドで地球の形状を調査した〕によるラップランド探検(8)やラ・コンダミーヌ〔フランスの地理学者、数学者〕によるペルー探検（一七三五年）以来、地球は極地では平らで、オレンジ型ではなくレモン型であると知られていたことを思い起こそう。第二段階で地球は中心まで固くなる。中心はガラス状物質の大きな塊で、それが化石のない原初の山を形成する。地球がそのように中心まで固まるには二九〇五年を要し、触るのに十分なほど物質が固くなるまでには三万三九一一年を要する。

第三段階は、ビュフォンが考えるところでは、すでに固まった地球の堆積物の歴史に相当する。海水が大陸を覆い、海に住む生物の貝殻で石灰質の堆積が形成される。第四段階では、海は引き、徐々に堆積した可燃物質の燃焼によって火山活動が活発化する。次いで、第五段階では、十八世紀には暑い地域に住んでいたゾウ、カバ、その他の大型動物が有利な気候のため北方の大地に住み着く。続いて——第六段階では——大陸は分断され、それから人類が地球に住むようになる。地球が現在の温度まで冷却されるには、さらに七万四〇四七年が必要だったようだ。ビュフォンは地球が形成されて以来、合計で一一万七六三年が経過したと推定している。いずれにせよ、その後——手書き原稿が示しているように——それよりもはるかに長い期間を検討し、地球の年齢を一千万年と想定している。

それはカント、フォジャ・ド・サン＝フォン〔フランスの地質学者、火山学者〕、ジロー＝スーラヴィ〔フランスの地質学者、地理学者〕ら一連の他の学者たちの明らかな傾向に呼応するものだ。長期間にわたる地質の歴史を想像することがその頃に定着し、一七六〇年代以降にはほとんど支配的となるが、そうした想像は地球とその形態の歴史的表象に関する基礎的な与件の一つとなっている。いずれにせよ、この章の最初で指摘したように、その社会的な伝播を測定することは不可能である。それでも、同時代の人間を分断し、知識と無知の決定的な階層化を生み出した深い亀裂があったことは強調しておこう。

ベルナルダン・ド・サン＝ピエールの『自然研究』

その複雑さをしかと見極めるためにも、一七八四年に刊行されたベルナルダン・ド・サン＝ピエールの『自然研究』に目を向けてみよう。〈大洪水〉の影響にたいする信念に、また、ニーウェンティイト〔オランダの哲学者〕が『自然の驚異によって証明される神の実在性』で、プリュシュ神父が『自然の光景』で提唱していた万象摂理説にたいする信念に貫かれた大著である。ベルナルダン・ド・サン＝ピエールは地球が当初は融解状態にあったとする仮説を批判することから始める。また、海が山を形成するには不適切であるともしている。古典主義時代から、神は目に見えない境界を海岸に設置し、海はそれを越えることができないと繰り返し言われてきたこともあって、海がそのような高さまで上昇することはあり得なかったというのである。要するに、地球の歴史に関して、すべては神の思し召しに対応しているのだ。

ベルナルダン・ド・サン＝ピエールが、極地、潮の満干、海流、氷について——ときに予言的正確さで——書いているのをみると、その考えを笑う気にはなれない。〈大洪水〉とその影響について書かれた熱狂的な部分もある。ベルナルダン・ド・サン＝ピエールの名声からすると、彼はその点に関して——単なる仮説だが——多くの人々の確信を勝ち取ったものと思われる。「あえて言えば、全世界的〈大洪水〉は極地の氷の完全なる流出に帰するものである」と彼は書いている。その流出が雲や山の頂上に拡散した水の下降に追加されるのだ。したがって、「〈創世記〉で大洪水をもたらす」「大いなる淵」の流水は科学的世界観のために忘れ去られている。ベルナルダン・ド・サン＝ピエールによれば、大異変は太陽の軌道が狂ったことによって生じた。太陽は一時、黄道を外れ、それによって極地に燃焼を引き起こした。

そのとき自然のあらゆる光景が一変した。シロクマを乗せた流氷の島全体が熱帯のヤシの茂みのなかに座礁した。アフリカゾウはシベリアのもみの木まで弾き飛ばされた。シベリアでは今でもまだその大きな骨が見つかっている。［…］気候の大混乱に、人間は地球の救済を諦めた。

［…］都市も、宮殿も、荘厳なピラミッドも、凱旋門も、すべては水のなかに飲み込まれてしまった。［…］自然が自らの記念碑を破壊した復讐の日々においては、地球には人間の栄光や幸福のいかなる痕跡も残りはしなかった。(9)

海の水が唸りをあげて大西洋になだれ込み、すさまじい高波を生じさせ、貝類を押し流し、引潮を導いた。そのようにして堆積層が出来上がる。聖書に書かれている四〇日という時間はベルナルダン・ド・サン＝ピエールが言うことに適合している。それは極地の氷が完全に流出する時間なのだ。一五〇日後、海水は再び極地で凍って、大地が再び姿を現す。聖書的な観点では、ベルナルダン・ド・サン＝ピエールは〈創世記〉よりも〈ヨブ記〉やその「暗黒の門」により多く言及している。彼は読者に呼びかけ、本書にとって重要な一ページにおいて、同時代人の無知を告発している。それによってのちに大いに評判を失うことになる万象摂理説を主張する以前に、彼はいわばそうした無知に立ち向かったのだ。

十九世紀初頭における地球の年齢や歴史に関する知識や無知については、どう結論づけたらよいだろうか？　ヨーロッパの知的エリートのなかですら、曖昧さや意見対立の緊張が優勢だった。地球やとりわけその形態の歴史の分野においては、無理解の時代が続いたのだ。ゲーテ、ジェーン・オースティン、シャトーブリアンのような人たちは十九世紀初頭に地球の中身やその歴史をどのように思い描くことができたのか？　そのような質問に答えること、すなわちその分野における彼らの無知を推定することはきわめて難しい。歴史家にとって重要なのは、曖昧さからけっして目を逸らしてはならないということだ。一七五五年から十九世紀初頭の間にもっとも頻繁に話題となった謎の一つ、極地が提起する謎に目を向ける前に、今度は地球の歴史ではなく、その内部の構造について当時どのように推測されていたかをみてみよう。

第三章　地球の内部構造を思い描く

地球内部に目を向けた「地球学説」

その時代、地球の内部を思い描くことは、観測や深部探査ができなかったことを考えると、思い込みや「神話や文学で語られていることに由来する世界観」(1) から生じていた。本書の計画からすれば、それは一連の「地球学説」によってその色合いが変化する無知に属するものでしかあり得なかった。もちろん、その提唱者たちは皆、プラトンが『パイドン』で表明した観念を念頭に置いていた。プラトンは〈地獄の底《タルタロス》〉、地球内部の大量の水を想定し、そこに地下を流れる水、火、泥が流れ込むとした。

手短に、その分野においてもっとも重要な時代、一六五〇年以降に展開する時代に話を進めよう。その頃、「地球学説」の出版が相次いだ。そのすべては地球が永遠であるとするアリストテレスの考えを反駁するものだった。

すでにガリレオは地球内部の性質を問題にして、それが濃密で堅固なものだと想定していた。しかし地球内部をめぐる様々な考えが増大し、しのぎを削り合ったのは一六五〇年から一七五〇年にかけてのことである。その点に関して、ヴァンサン・ドゥパリスとイラール・ルグロは、ニコラウス・ステノ（ニールス・ステンセン）〔デンマークの司教、地質学者〕、ロバート・フック〔イギリスの自然哲学者〕、ニュートン、トーマス・バーネット〔イギリスの神学者、地質学者〕、ジョン・ウッドワード〔イギリスの医師、地質学者〕、ウィリアム・ホイストン〔イギリスの神学者、数学者〕、ライプニッツ、その他の著作を分析している。一言で言えば、それは本書の目的をはるかに越えるもので、そうした熱狂ぶりを指摘して、もっとも反響が大きかったと思われる学説だけを取り上げることにしよう。

十七世紀末、地球内部の性質について疑問を抱いた人たちにおいては、大洪水説が有力だった。そのうちの二つを紹介しよう。一つ目は、トーマス・バーネットが一六八一年に『地球の神聖なる理論』で提唱した学説である。彼の考えでは、〈大洪水〉は地球を根本的に変化させ、その表面は変貌し、起伏が生み出された。そうした大規模な影響を説明するのに、バーネットは聖書の「大いなる淵」を援用する。つまり、地球内部の巨大な帯水層が氾濫したというのである。

一六九五年にウッドワードが提唱した考えは、より大きな反響を呼んだものと思われる。彼は化石の存在を根拠として、〈大洪水〉によって地球を構成していた様々な物質が完全に分解され、それに続いて「重力がもたらす同心円的地層による(2)」新たな堆積が起こったと想定する。ウッドワードは十八世紀末の水成論的概念（後述を参照）を予告、あるいは言ってみれば彼なりの仕方で準備したのである。また、一六九六年にホイストンは地球付近を彗星が通過し、それが〈大洪水〉を引き起こしたとする仮説を唱えている。彗星の通過は水蒸気の巨大な塊をもたらし、地殻に亀裂を生じさせ、それによって「大いなる淵」の水が放出されたというのである。

こうした大洪水説はその後、批判を受けた。一七二一年、アンリ・ゴーチエ〔フランスの土木技師〕は、地球は完全に空洞で、空気に満たされていると主張した。それにたいして、一七〇七年にサントリーニ島付近で発生した噴火の直後、「火山学者」モーロ〔イタリアの聖職者、博物学者〕は地球の核は火成流体であると想像した。また、クルーガー〔ドイツの博物学者〕は一七四六年に〈大洪水〉と全世界的な火災を引き起こした地震の複合的作用を提案した。それらのすべてから、歴史家ヴァンサン・ドゥパリスは地球モデルには驚くほどの幅の広さがあったことを強調している。[3] それは本書の考察の出発点であるリスボンの「大惨事」に先立つ六〇年間に展開された。

それでも、〈大洪水〉に大きな役割を与えたそうした想像力の沸騰に言及する必要はあった。というのも、それはその後ほとんど枯渇して、地球の内部に関する省察は新たな基盤の上に立つことになるからである。以後、それに関する研究はより思弁性や想像性の少ないものとなる。『一七五五年末に地球の大部分を揺るがした地震に関連する、もっとも驚くべき出来事の歴史と記述』と題された一七五六年のカントのテクストはその出発点と言えるかもしれない。[4] カントは地球の深さについての人間の無知を強調し、人間がこれまで到達した深さはせいぜい「地球の中心までの六千分の一の距離」であるとしながら、地震のような表面的な現象をとおしていつの日か地球内部の構成を理解することができるだろうと考える。

地層に向けられた関心

ビュフォンは、すでに紹介した二つの著作において、地球内部のことを取り扱っている。こちらは、地質学の知識が理論構築に結びついた例である。繰り返しになるが、デカルトや『弁神論』の著者ライプニッツに続いて、ビュフォンは地球をいわば冷却した太陽のように見立てて、原初は融解状態にあったという仮説を唱えていた。そして当時の人間の無知を強調するのである。一七四九年には「地球内部のことはわれわれには完全に不明である」としながら、地殻から判断するしか方法はないが、採掘坑のようなもっとも深いくぼみでも地球の八千分の一に到達しないのだと指摘している(5)。

しかしながらビュフォンは、地球は均質で中身の詰まった球体であり、空洞で空っぽなわけではないと考えていた。地球は原初、融解状態にあったが、砂とほぼ同じ密度のガラス質の物質で満たされ、少しずつ固まっていった(前述を参照)と想像したのだ。したがってビュフォンは中心に燃焼を続ける炎があるという考えは退けていた。その後、ビュフォンの考察を導いたのは地質学的、物理学的観察で、地球内部についての疑問は一時的に背景に追いやられることになる。要するに、十八世紀末において、地球の内部についての無知がひそかに打ち明けられ、その一方で、地殻、山地、火山など、目に見える部分に関心が集約されたかのようなのだ。

こうして、約八〇年間(一七五〇年から一八三〇年)、岩石の(鉱物学的)性質に関する当初の無知を打破し、断層や化石鉱物の観察をとおして、地表で続いてきた様々な時代を割り出すことが重要となった。その点に関して、生前はさほど反響を呼ばなかったものの、先駆的な活動を行なった人物、ニコラウス・ステノのことを少し振り返ってみよう。ステノはいわば地層学、構造地質学の基礎を築き、絶滅種を明らかにすることによって化石の有機的起源を識別した人物である。彼は地層——あるいは堆積層——は液状環境で沈殿物が連続的に蓄積することによって形成されると先駆的に主張した。彼によれば、そうした沈殿物の歴史は地球の歴史の様々な出来事を教えてくれるにちがいなかった。堆積層——あるいは地層——は水平的なものではなくなり、地殻の垂直的な活動が生まれたのだ。ステノは一世紀早く一六六九年に地質学の基礎を築いたが、彼の著作はすぐにはあまり反響を呼ばず、その考えは知識や無知の歴史に根本的な作用を及ぼすことはなかった。

本書に関係するところで二つの重要な領域の一つは、すでにみたように、一七六〇年代以降、地質の各時代が長期にわたるものであるという事実が完全に受容されたことである。それは地層堆積の観察によって地質学を歴史の情報源とすることでもある。そうした地質学的過去の解読は大洪水説に関して右でみたことに反するものであり、学者たちを二分する本質的な論争は、十九世紀においては天変地異説〔天変地異によって地球上の生物はほとんど絶滅し、残ったものが地球上で繁殖を繰り返したとする説〕と斉一説〔過去の地質現象は現在の自然現象と同じ作用で行われたとする説〕のあいだの論争となる（後述を参照）。

本書第Ⅰ部の関心事はもっぱら、表層観察の洗練、すなわち表層地形調査や「地中深部の構成や状態」[6]について情報を与える指標の収集による地質学の開花である。

この十八世紀末および十九世紀前半における地球の表象に関しては、議論はおもに二つの対象に向けられた。その一つ目は、堆積岩層の傾斜は、沈殿物がいわば傾斜を形づくって原初の状態から生じたものなのか、それとも、他の者たちよりも入念に山地を観察していた人たちが考えていたように、断層は垂直・水平の地体構造的運動によって生まれたのかという問題である。二つ目の議論はそれよりもはるかに激しいもので、ウェルナー〔ドイツの地質・鉱物学者〕の弟子の水成論者とハットン〔イギリスの地質学者で斉一説の提唱者〕の理論の正確さを確信した火成論者が対立した。両陣営の学者たちは、ヴァンサン・ドゥパリスが書いているように、「地球表面を構成する様々な鉱物や岩石を識別・区別し、正確な言葉で記述する」ことを目的とする岩石研究に取り組んだ。したがって、その目的は「地表を可能なかぎり客観的にそれが現れたままの状態で記述し、おもな構成要素の調査目録を作成する」ことにあった[7]。

しかし、ウェルナーとハットンそれぞれの弟子たちの意見は一致しなかった。水成論と呼ばれる十八世紀後半の二五年間に優勢だった理論を掲げたウェルナーの弟子たちによれば、堆積物の根源にあるのは水である。すべての鉱物、すべての——当時激しい論争の的であった玄武岩を含む——岩石は、元々は「原初の海底で溶解状態」にあったが、その後、様々な地層が次々と重なって、海洋から浮かび上がったというのだ。大洪水説を感じさせなくはない理論だ。ウェルナーはこの十八世紀末に、地球の組成において誰もが観察できる水に支配的な役割を与え続けた。ヴァンサン・ドゥパリスは正当にも、この理論が様々な地層を注意深く研究することを促したと指摘している。

一七七八年、玄武溶岩を研究したドロミュー〔フランスの地質・鉱物学者〕は、玄武溶岩がペースト状の地球内部から発生したものにほかならないという結論に達した。それはウェルナーの水成論に反するもので、そこで論争が巻き起こる。一七八五年、ジェームズ・ハットンは水成論を批判した。ハットンによれば、地下の炎はつねに活発で、堆積作用が次々と進行する一方、地下の熱が岩石を持ち上げた。火成論と呼ばれるこの理論はウェルナーの理論よりも長期間の地質学的過去を考慮に入れたものだった。繰り返せば、地質学的過去が長い年月にわたることは、その後、多くの学者が確信するものとなっていく。さらに火成論には、地球がつねに活発に活動する地下の炎によって突き動かされているという単純な観察とも合致するメリットがあった。

科学界においては、一七九五年頃までは水成論が支配的だったが、一八〇二年から一八〇四年の間、すなわち本書の最初の時代の終わりに、急速な変化が起こったことをヴァンサン・ドゥパリスが確認している。オーベルニュ地方の火山を取り扱った書物が確信を得るのに貢献した。

地球史に関する知識の階層化

では、十九世紀初頭に生きた西洋人は、「啓蒙の世紀」と呼ばれるものを経験したあとで、どのように地球やその外観、起伏を思い描き、その過去を想像することができたのだろうか？　そのような質問に確信を持って答えることは難しい。いくつかの推測があるのみだ。

おそらく大多数の人間は生活に埋没し、それに関して疑問を抱くことはほとんどなかっただろう。遠方について無知で、大多数の人間は近隣地方のこともよく知らなかったので、街、平原、丘、あるいは視界を限定する山は、聖職者が〈創世記〉の内容を説明するときに話題にするこの地球の単なる断片だった。この地球の過去や起伏について疑問を抱いた人たちにとっても、地球を神の御業として眺めるのがよいとされていたため、おそらくそれで十分だっただろう。〈大洪水〉に関しては、その実在性が疑問視されることはおそらくなかっただろうし、それが多かれ少なかれ重要な仕方で、見る者の目に映るありのままの自然の起伏に寄与したと考えられてもいただろう。一部の好奇心旺盛な人たちの——ほとんど——唯一の読書であった暦書はそのような対象を扱うことはきわめて少なかった。

だが、知識の階層化が進む一方、多少なりともマニアックな個人、たとえば、地方、パリまたはロンドンのアカデミーに所属していた個人、あるいは単にそうした学者団体の会議録や会員が出版し、新聞で取り上げられた本を読んでいただけの個人がすでに存在した。一八〇〇年頃、そのような人たちはおそらく、地球の歴史、その内部物質、形成方法に関して疑問を抱いただろう。しかし、そうしたエリート層の広がりを推定することや、芸術家、作家、指導者がそのような疑問を本当に抱いたかどうかを知ることは難しい。

そうであったという仮定の上に立てば、学者たちが提供するちぐはぐな学説、断片的な実験、不正確な観察が彼らの心のなかにどれほどの混乱を招いたことだろうか！　たしかに、そうしたエリート層の大半は、半世紀前に生きていた人たちとは反対に、聖書の物語から抜け出して、地球の形態は何十万年にも及ぶ長い歴史から生み出されたということを理解することができた。それは地球表象の大転換における基礎的な段階ではあったのだ。

彼らにとって、堆積地層、その潜在的な水平・垂直運動、それが内包する化石の性質、水または火によるその形成方法は、様々な所与のあまり一貫性のない集積となっていたにちがいなく、それを前提として目の前に広がるこの地球を正確に思い描くことは困難だったにちがいない。それに忘れてはならないのは、氷河起伏や多種多様な氷河形成の連続が今日のわれわれに作り出しているものはいまだ知の領域に入っていなかったこと、山岳登山・探検が初歩的な段階にあったことである。おそらく、きわめて教養豊かな旅行者――それについては後述する――にとっては、学者が唱える学説の未熟で不正確な雑然とした知識を吸収するよりも、夢に身を委ね、自然神学の神を讃えて、崇高の規範を浮き彫りにした者たちの著作が喚起する感情に耽溺し、詩人や古代の作家たちすべてを思い起こすことのほうが魅力的に思えただろう。

しかし、そのすべて、あるいはそのほとんどが無知の状態に置かれていた分野は他にもたくさんあった。その例として今度は、接近を阻んでいた極地、海、氷について知り得たこと――つまり、知らなかったこと――に取り組んでみよう。

第四章　極地に関する無知

北極・南極への探検の失敗

極地に関する無知の長い歴史をよく理解するために、本書が取り扱う時代以前にそれを知りたいという欲望が掻き立てた情熱を示しておくことが有効だろう。小氷期〔十四世紀半ばから十九世紀半ばにかけて続いた寒冷期間〕が開始し、激化する以前には、海洋遠征がまだ可能だったが、それが多く組織されたのにはある目的があった。それは北西航路〔北アメリカ大陸の北方を経由して大西洋と太平洋を結ぶ航路〕、および付随的に北東航路を発見したいという激しい欲望、すなわち、インド諸国や極東諸国に赴くために使用していたルートよりも短いルートを発見したいという激しい欲望である。

十六世紀後半に最初の探検が試みられたが、それは十世紀末の血斧王エイリーク〔ノルウェー王〕

の冒険に刺激を受けて行われたものだった。エイリークは広大な「緑の大地」（グリーンランド）を発見し、そこに彼の子孫たちが数世紀にわたって住み、のちに途絶えた。

学者たちは一六〇〇年までは北西航路発見の可能性は確かなものだとしていたが、氷海を航行することが可能なのかという一つの疑問が持ち上がった。試みを果たせず帰還した航海士たちはそれに反駁していた。

彼らはそうした航海の悲惨な情景を語っている。そのような場所では、「ロープや滑車は凍りついて固まってしまい」、また「飲み物は斧で切り分けねばならず」、その一方で深い霧が視界を遮るのだ……。(1) 当時、北極の寒さは地球上の寒さの究極と言われていた。十六世紀のバレンツ〔オランダの探検家〕によれば、その寒さは「耳や足指、唇や鼻……靴の革を凍らせ、さらには時計まで凍って止まってしまう」(2) のだった。航海士たちは「そうした現象をそれに苦しみながら発見し、茫然自失の入り混じった恐怖の感情」を抱いた。想像を超えた現実に直面し、体験談の読者に自分が経験した現実を感じさせる言葉はなかなか見つからなかった。絶対的に異常なものは表現できないものなのだ。そうした感情に、氷のなかに閉じ込められ死ぬのではないかという恐怖が加わる。この時代のバレンツの語りでは激しい嫌悪の感情しか表されていない。可能なかぎり逃げるに如くはない場所で、いかなる美学的感情も激烈な恐怖を和らげることはなかったようだ。(3)

いずれにせよ、探検の試みは相次いで、それが高緯度地域の地図学を発展させはしたが、どれも失敗に終わった。

十七世紀初頭の探検は本書に関係するところではより重要である。一六〇〇年、ハドソン〔イギリスの探検航海士〕はのちにその名が冠される湾を発見するが、氷で身動きが取れなくなった。身の毛もよだつ状況でやむなく冬季停泊することになり、反乱したクルーに見捨てられ、漂流するボートの上で死んだ。一六一二年から一六一四年にかけて、イギリスのウィリアム・バフィン〔航海士、探検家〕はスピッツベルゲン島を発見するが、北緯七八度に達した後、座礁した。帰国後、北西航路は存在しないと断言した。以後、その方面で探検が試みられることはほとんどなかった。要するに、約一世紀の間、北極地帯は完全に闇のなかにとどまったのである。北東航路、すなわちシベリア北部を通る航路に関しては、ウィレム・バレンツが何度か探検を試みたものの、バレンツとその部下たちは最終的に寒さや壊血病で命を落とした。そして小氷期が始まり、さらには北西航路が経済にとって次第に必要ではなくなって、一七二〇年頃まで探検の試みは放棄されることとなる。

それと並行して、一五八〇年代から南極海の探検が始まったが、その地域が掻き立てた想像の逞しさに比べると、芳しい成果は得られなかった。このような海洋探検の時代に極地が掻き立てた情熱は奔放な仕方で想像力を刺激し、著しく奇妙な物語が語られた。一五五九年にギヨーム・ポステル〔フランス・ルネサンス期の東洋学者、神秘思想家〕は「北極の下には天国がある」と書いている。一五六九年、著名な地理学者ゲラルドゥス・メルカトルは「神話的想像が北方地域を世界の至高の中心とした」(4)としている。一五六九年、著名な地理学者ゲラルドゥス・メルカトルは〈創世記〉で語られる四つの河が「黒く聳え立つ」(5)岩によって表された北極点で合流する地図を描いた(口絵2参照)。イギリスの隠秘術者ジョン・

ディーによれば、地球は極地によって神と交流しているとのことだった。それと並行して、南極地域の不思議を描いた描写が広がった。そこには全裸で自然のままに暮らしている人々が住んでいるのだが、彼らは不幸なことに霊魂不滅の観念を持っていないのだった。同様の想像的論理にしたがって、極地は怪物的動物誌の中心地となり、そこには海ドラゴン、雌ライオン、一角獣がたくさんいた。当時、極地は奇妙な形態のものが集まる場所として想像されており、とくに南極地域は北極地域よりも強力に想像力を掻き立てたようだ。一五八二年には『三つの世界』の著者ラ・ポプリニエール〔フランスの歴史家〕は同書で驚異的な事物に満たされた空間、様々な悦楽が味わえる場所を描いている。それとは反対に、現実においては、オランダのアベル・タスマン〔東インド会社の探検家〕が一六四二年に哀れな裸の小人が住む島〔タスマニア〕を発見し、その島には彼の名が付けられることになる。(6) それに加えて——この先でも触れるが——北極のオーロラや極地の夢のような光景の数々を客観的に目にしたこともあった。それらの事実は残念ながら到達不能ではあった極地の重要性を定着させるのに役立った。

繰り返すが、氷海が次々と広がり、一六〇〇年以降、早めで極寒の冬が連続したことで、極地の現実そのものにたいする興味は失われ、好奇心は一時期、北極のオーロラ、彗星、黒点、地球の形態や極地におけるその平面性、そして地底旅行といった他の標的に集中した。

十七世紀は太陽や月を巡る旅行が想像上で豊富に生み出された時期だが、極地の旅行についても同様だった。要するに、観察の乏しさ、極地に関する知識の乏しさを夢や幻想が補っていたのである。ときには、科学情報と想像上の明言のあいだに混乱も生じた。一六九二年にガブリエル・ド・フォワニー〔ユートピア旅行記の作家〕は『南方大陸の発見と旅行におけるジャック・サドゥールの冒険』を発表し、そのなかで性関係と食事を拒む両性具有の種族を描いたが、『ジュルナル・デ・サヴァン』誌はそれに惑わされて、同書を現実の旅行記に分類している。(7)

もっとまじめな話をすれば、逆説的なことに、もっとも寒い時期でもあった一七二〇年から一七六〇年の間に、第二次極地探検の試みが展開された。フランスでは、海軍と科学アカデミーが以後、貿易会社を引き継いだ。要するに、知識の名において無知を克服するという意志が勝ったのだ。天文学者、物理学者、数学者、医師、博物学者が極地に関心を示し、その多くが旅行に参加した。だが、そうした旅行は四〇年ほどしか続かなかった。

一七三九年、ブーヴェ・ド・ロジエ〔フランスの探検家〕は南極航海を企て、巨大な氷の塊、いわゆる卓状氷山の存在を発見した。一七二五年にはデンマークのベーリングが二度、北西航路の発見に失敗していた。彼は五年間の試みの後、帰航した。当時はラップランド旅行が流行となっていた。

最終的に、本書が考察の対象とする時代の幕開けである一七六〇年以降、四〇年間にわたって、極地探検を積み重ねることはなくなった。残されたのは、極地が知性に突きつける謎を科学的推論によって解こうという願望である。その分野では、いくつかの問題が海洋観察から生じた。まず、氷が提起する問題である。航海士たちは、氷原にせよ、「凍った山」(氷山)にせよ、そうしたものに衝突していたのだ。そこで浮上したのがよく知られた神話の復活で、それは旅行記や、とりわけ、ブーガンヴィル〔フランスの航海士〕（一七六六―一七六九）、マリオン・デュフレーヌ〔フランスの航海士〕（一七七〇―一七七一）、クック〔イギリスの航海士〕（一七七二―七七五）、ケルゲレン・ド・トレマデック〔フランスの海軍将校〕（一七七三―一七七四）、ラ・ペルーズ〔フランス海軍士官、南太平洋で消息不明となった〕（一七八五―一七八八）らによる数多くの探検によって刺激を受けた。それらの探検は、あまりにも狭い本来の意味での極地探検というよりは、インド洋や太平洋の真ん中に存在した「空白地帯」を縮小する試みと呼ぶに相応しい。

当然ながら、それら航海士たちはテラ・アウストラリス（南方大陸）の探索を計画に掲げた。大陸と、北極に関して言及した航路とは別のルートの探索である。誰も南方大陸の存在を示す絶対的な証拠を持ち帰っていなかったところ、一七七二年、ジェームズ・クックが正式にその探索に乗り出した。翌年の一月に南極圏を通過し、初の南極周航を行った。一七七五年に帰航して、南極に大陸はないと公言した。氷原を乗り越えることができなかったことから、そう確信したのだ。それとともに、南方大陸の神話は学者たちの頭のなかでは著しく衰退し、南極付近に理想の大陸があるという確信は消滅した。同時に、すでにみたように、北極の北西航路、北東航路の仮説も消滅し、一世紀以上の間、誰もそれを信じようとはしなかった。

「海は凍らない」と考えられていた時代

無知の歴史を辿るという本書の目的にとっては、ここが重要なところだ。二つの世紀（十八世紀と十九世紀）の分岐点に生きていた人間にとって、北極の世界と南極の世界が掻き立てた希望は全滅していた。もはや北西航路も南方大陸も問題ではなかった。同時に、二つの神話が信頼を失っていた。無知は一世紀以上前からそれらの探求に身をもって取り組んでいた学者たち自身にとってもなお拭い難く、おそらくその闇は深まっていた。一つの世代にとって、せいぜいサロンで話題になる程度だった極地の存在は、もはや氷の謎がもたらす華々しい議論をとおしてはじめて実感できるものだった。航海士たちは数世紀前から、氷原の気象条件に関する懸念、船が氷に捉えられ、船長がやむなく踏み切る危険な冬季停泊、漂流する巨大な塊の存在を記述しており、それらが議論に明確なかたちを与えた。流氷は棚氷なのかそれとも海氷なのだろうか？

当時、海が凍るとは認められていなかったことを知っておかなければならない。それはつまり、海氷ができることはあり得ないということだった。ビュフォンはそう明言し、海で観察された氷は陸に由来し、部分的に凍結した大河によって運ばれたものだと考えた。われわれは彼が間違っていたことを知っている。フィリップ・ビュアシュ〔フランスの地理学者〕にしても、モーペルチュイにしても、『百科全書』の作者たち——ダランベールによる項目が示しているように——にしても、誰もがビュフォンの考えを共有していた。氷が張るのはせいぜい風の当たらない湾のなかや海水が淡水に近くなる河口付近だけだと考えられていたのだ。ルイ・コット〔アカデミーの通信員〕は一七七四年に『気象学概論』で海は沿岸付近でしか凍らないと書いている。それに関連するのは、不凍海——それについては後述する——が存在すると信じられていたことである。不凍海は長い北極の夏のあいだ太陽が照りつけていることによって説明され、沿岸河川がもたらす氷帯に取り囲まれているとされていた。

結論としては、十六世紀以来、右で紹介した多くの探検によって可能になった北極・南極地帯の地図学の――フレデリック・レミによれば、驚異的な――進歩にもかかわらず、極地は、十九世紀初頭、ラ・ペルーズの死の直後、いまだ謎に包まれていた。北極に不凍海が存在すると仮定し、「北西航路」や南極大陸は実在しないと考え、海氷の存在はあり得ないと断定したことは、無知の総体を浮かび上がらせている。当時支配的だった地球の表象を想像しようとするならば、それを考慮に入れることが不可欠だ。

同時に、大洪水説――ベルナルダン・ド・サン＝ピエールの『自然研究』ですでにみたように、極地もそれに関わっていた――が、部分的に維持されたことが、そうした無知と結びつき、ある意味では無知が大洪水説を強固にしていた。

多少なりとも発見や議論に通じていたその時代の人々の頭のなかで何が繰り広げられていたのかを読み取ることは、何と難しいことだろうか！　旅行記が大成功を収めた時代に流行りだった北極・南極地帯。そこにあるとされた驚異に触発され書かれたあれらのテクストの何が、その頭のなかには残ったのだろうか？　きわめて教養ある、文学に通じた人々の想像のなかにはまだ、ピュテアス〔紀元前四世紀前半の地理・天文学者〕が北方航海の語りのなかで言及する古代のトゥーレ〔古代ギリシア・ローマ人が世界の北端と信じた土地〕や極点に近づくにつれて凍る海の古い記述が埋もれていただけに、何とも言いがたい。コールリッジの『老水夫の歌』（一七九八年）を読むと、当時の人々の頭のなかで作用していた、読んだ本に左右される知識と無知それぞれの比重がいかに複雑か考えさせられる。

第五章　深海の解きがたい謎

深海への幻想

今度は、ほとんど絶対的な無知の領域を取り上げてみよう。それは十八世紀においては「想像もできない、理解不能な、思いもよらない、耐えがたいものであった深海という分野」――ジャン＝ルネ・ヴァネーは見事な歴史書『深海の謎』でそう書いている――に関する無知の領域である。ヴァネーはさらに続けて「それについては、ライプニッツ（十七世紀）の同時代人はスコラ哲学者以上に知ってはいなかったし、スコラ哲学者はおそらくアリストテレスほども知ってはいなかっただろう」としている。[1] 一世紀後の『百科全書』でそのテーマを取り扱っている数少ないテクストが内容に乏しいことには驚かされる。当時行われた深海測定については、「ニュートンやキュヴィエの同時代人は傷んだ器具に数字を読み取ることができたり、首尾よく引き上げられた測鉛にこびり付くわずかばかりの粘土やヒトデの足を採取したりすることをとても幸運に感じていただろう[2]」とジャン＝ルネ・ヴァネーは書いている。

ところで、知らないものにたいする恐怖がとりわけ悩ましいものであることをわれわれは知っている。恐怖は夢を刺激する。事実、非常に早い時期から、深海には信じがたいほどの感情的力が与えられていた。永久に到達不能な——と思われていた——そのような場所の想像は非常に複雑で、〈天地創造〉の無秩序と栄光を表す矛盾した図式で構成されていた。深海は何世紀にもわたって変化のない疑問を呼び起こした。この全面的で圧倒的な夜を、至高なる光を奪われたこの場所を、この夜の実体を支配するのは、「冷たい氷、それとも灼熱の地獄だろうか？ 存在以前の虚無」か、それとも生のうごめきだろうか[3]？ 深海には底があるのかないのか？ 深海は奈落の底か水溜りか？ 深海は悪魔の手に委ねられ、この世の終わりの混沌を予感させるものと考えることができるのか？

謎に包まれた、空も季節もないこの世界は、想像的な潜水、地球の中心に下降する幻想や未知なるものに向かう渦巻の幻想を抱かせた。それは闇の夢想をもたらしたのだ。「深海は発見される以前に、下降的選択にしたがって創造された。それによって深海は、不純なもの、異常なもの、怪物的なものの巣窟の一つ、世界の、不安を与える隠された側面の一つと見なされた[4]」とジャン＝ルネ・ヴァネーは書いている。

われわれ二十一世紀の読者としては、こうした無知や想像をよく知るためには、多大な努力を払わなければならない。われわれの目には、深海はその謎の多くを失ってしまった。その深さ、地形、そこに住む驚くべき生物、そこに点在するメタンガスの源泉が知られている。私は水深六千メートルまで下降した女性探検家が、目の前に広がる光景を見たときのことを告白してくれたのを覚えている。それは「海、恐怖と魅惑」と題されたフランス国立図書館の展覧会でのことだった[5]。彼女は私に最初に思ったことを打ち明けた。「私はまずこう思いました。プラトンがかくも見たいと思っていたものを私はいま、目にしているのだと！」

深海、玉虫色に光るその植物、そしてとりわけ、美しい魅力的なその生物、食い合いや、素早く、もちろん音を立てない捕捉——それらを映し出す映画やビデオをたくさん見ているわれわれは、ビュフォンやダランベールの同時代人にたいして、この女性探検家と同じ立場にいる。クストー船長〔フランスの海洋学者〕の『沈黙の世界』が上映された一九五六年以来、われわれには現実の光景だと思えるものは、われわれが理解しようとしている人々にとっては夢のなかで経験する深海冒険の数々にすぎないのだ。その点ではとくに、歴史家は当時社会的に共有されていた無知の広がりをぜひとも見極めねばならない。

その頃に見られたのは、まともな根拠もないのに衒学的な理論を作りあげ、測鉛で得られるわずかな知識で満足することだけだった。もちろん、この十八世紀末には、アレクサンダー大王がネアルコスとともに紀元前三三四—三二三年に行った粗末な探査もよく引き合いに出されていた。「アレクサンダー大王の鐘（潜水鐘）」と呼ばれるものは、瀝青を塗った樽で、カヴラン海岸（現在のパキスタン）の珊瑚礁上の浅瀬にケーブルを結んで沈められた（口絵3参照）。ほかには、驚くべき潜水具、レオナルド・ダ・ヴィンチが描いたような「潜水用（あるいは水中用）の羽」の計画に作家たちは触れていた。

貧弱な海中探索

実際のところ人間はその頃、ヘロドトスが記述している海綿を求めて無呼吸で海に潜る潜水夫たちが到達したわずかな深さしか知らなかった。十七世紀以降の航海士たちによる測鉛の利用はおもに停泊地を見つけ、浅瀬の洲で座礁するのを避けることを目的としていた。深海の謎を解明する欲求は周辺的なものにとどまった。すでに見た目覚ましい有益な探検の数々にもかかわらず、十九世紀半ば以前は航海士の水平的知識はほとんど垂直的知識の役には立たなかった。十六世紀から十八世紀の間に鉛のロープによって到達した最高深度は七三〇メートルだった。最初の分岐点は一七五〇年頃、本書が取り扱う時代の始めである。その頃から、アカデミーや、とりわけ大型船会社の経営陣、その後はサロンにおいて、深海の謎が意識され始めた。その前兆となるのは、傑出した学者であると同時に東インド会社の重役でもあったロバート・ボイルが、一六六六年にクルーに向けて指導要領を作成し、海水温を測る目的で深海の水を汲み取るよう促したことである。当時はそうした場所が低温状態に置かれているのか、それとも「カロリック」〔熱を一種の流動体と見なした古物理学の用語〕の源なのかを知ることは意味のないことだと思われていなかったのだ。

一七七三年、フィップス船長（コンスタンティン・ジョン・フィップス）は、スピッツベルゲン島から帰還する際、海台の海上を航行中、測鉛線を数珠つなぎにさせた。器具は深度一二五〇メートルの海底に達し、青粘土を引き上げ、それが最初の海底標本となった。「海に関する知識を海面に限定することの決定的な拒否[6]」が定着したのも、この時代のことだった。

それでも、そのテーマに関する大半は、衒学的な理論や地球についての幻想が育んだ見かけだけの知識で、観察から生まれた知識ではなかった。その領域に関しては、まずこれまで何度か引き合いに出した物理神学や自然神学を再びみてみることにしよう。教父カイサリアのバシレイオス〔四世紀の神学者〕のテクストはそのような方向性に立つ作家たちに繰り返し使われたが、そこには神が海底に創り給うた幸いなる場所のことが記述されている。繰り返すが、聖書、とくに〈詩篇〉は〈創世記〉から海底の形態形成を推論した物理神学者たちに着想を与えた。彼らによれば、神が深海に無関心だったことなどあり得ないのだ。

海の莫大さ、あるいはこの方がよければ海の深淵の莫大さは信者の心を驚嘆で満たした。もっとも熱心な摂理主義者で、湾や岬は神が商業を促進するために望んでできたものだと主張した学者ベルナール・ニーウェンティイトは、海に関することなら何でも感激で胸が一杯になった。ラッセル医師が「浜辺」と呼ばれるものを発明したのもこの頃（一七五〇―一七五五年）のことだ。患者をブライトンに送って、彼の言うところでは神が人類の苦痛を癒すために創造したあの広大な海に浸らせたのだ。物理神学者、摂理主義者、〈天地創造〉の狂信者たちによれば、神が大量の水の下に山や谷を築いたのは明らかなことで、そこには地球の表面で暮らしている種族よりも完璧な「幸いなる海底種族」が住んでいるのだった。ジャン゠ルネ・ヴァネーが言うところの、この「宝の深淵」、神の摂理による驚異的な海底[7]が、学者たちの心をとらえたのは一時のことでしかなかったが、それは――ここでわれわれの関心を引くのはそのことだ――〈大洪水〉と同様に、「〈天地創造〉の隠された部分の恩恵[8]」をより長いあいだ確信し続けた素朴な人々の心のなかではその後も長く定着した。

実験の道は神の道の前では貧弱なものに思えた。深海に底が存在するのか否かという疑問にたいして、マルシーリ〔イタリアの博物学者〕は大陸棚を測量したのち、肯定的に答え、スティーヴン・ヘールズ〔イギリスの生理学者〕に反論した。かつてヘールズは何の証拠もないまま、深海の深さは――メートル法に換算すると――四千メートルから九六〇〇メートルのあいだで揺れ動いていると主張していた。だが結局のところそれが現実に近かった。しかし誰もそれを確信することはできなかった。

逆に、学者たちの大半は、海の深部を場合によっては過度に見積もることにたいして慎重な態度を示した。彼らは海に深海というものはないという説をとっていた。ビュフォンは一七四九年に海の深さは四五〇〇メートルを超えることはないと考えた。そのような見せかけの科学は、海の深さは百メートルを超えることはないとした若きカントの主張によって極まっている[9]。

われわれは別のところで、かなり広範に普及していたマイエ〔フランスの地質学者〕の『テリアメド』〔インドの哲学者テリアメドがフランス人宣教師と地球の歴史について語る書〕の重要性を強調したが、その本では、テリアメドがインド洋で使用したとされる水中ランタンを備えた潜水鐘のことが語られている。[10] マイエは——ビュフォン同様——筋金入りの水成論者だった。ところがすでにみたように、その理論の主導者であるウェルナーによれば、地殻は深海で形成されたのだった。一方、地理学者フィリップ・ビュアシュは海中の一種の骨格が海底を秩序立てていると考え、深海の山岳体系を思い描いて、その地図を作成した。その海中の骨格は、彼によれば、海底山脈と海底盆地によって構成される。彼が作成した図表はエリートのあいだで流行となり、エリートは一時、海の深部についての無知は克服されたと確信した。実際のところ、そのような海底山岳学は、今日、かすかな前触れのように思えるとはいえ、それもまた見せかけの知識だった。

実のところ、ジャン゠ルネ・ヴァネーの見事な表現を借りれば、十九世紀初頭には深海はまだ「ほんの少し引っ掻いただけの謎」[11] にとどまっていた。その頃人々は、答えを出すこともできぬまま、深海は極寒かそれとも灼熱か、静止状態かそれとも変化をもたらす海流や運動に晒されているのかと自問していた。本当の意味での深海の研究者が初めて現れたのは、おもにライン川とネマン川〔ベラルーシからリトアニアを流れ、バルト海に注ぐ〕のあいだで、ようやく十九世紀以降のことだった。そのとき、絶対的な無知は深海にたいする真の好奇心によって軽減されたのである。

第六章　山の発見

高山への無知

十八世紀には「山」は存在しない、と繰り返し言われているように書くのは極端だが、それは概ね現実には合っている。早くも十四世紀、一三三六年にペトラルカはおもに宗教的な観点からモン・ヴァントゥ〔仏南部プロヴァンスの独立峰〕に登っていた。数少ない人文主義者や、岩石、希少植物、化石を探し求める学者が「陳列室」を充実させる目的で、ときに山に赴いていた。一四九二年、国王シャルル八世の命令で、アントワーヌ・ド・ヴィル〔シャルル八世の名将〕がモン・テギーユ〔仏南東部フランス・プレ・アルプスの山〕に登頂し、続いて、イタリア戦争の間、同じシャルル八世、ついでルイ十二世、フランソワ一世の統治下では、フランス軍によるアルプス通過が王国を取り囲む障壁としての山脈という見方を定着させ、君主をその障壁など物ともしない英雄に押し立てた。その後、十七世紀のアルプス軍事大遠征もそのような展望のなかに組み入れられる(1)。

しかし、山に関して無知が巨大であったこともたしかだ。本書の探求の出発点である一七五五年に、山について何が知られていただろうか？　山間や山塊の周辺に住む人たち、山地の羊飼い、一部の出稼ぎ行商人や軍人を別にすれば、山については誰もほとんど何も知らなかった。平野や台地、海岸沿いに住む人々の大半は山を見たこともなかった。山は、おそらくごくまれに、とくに大都市で、恐ろしく、また手に負えない領地として、何よりもまず障害と考えられたカオスとして話題になるだけだった。

学識のある人々にとって、山はある意味では、ロクス・アモエヌス〈心地よき場所〉とは反対の、トポス・オリビリス、恐ろしい場所、であった。山の外観、到達の難しさ、激しい風や雷雨、吹雪、また、凶暴で人を寄せつけない、野蛮で、不気味な顔つきをした者たちで構成されると想像されていた山人たち——それらが山を近寄りがたいものにしていた。山に入った者たちは他処では知ることのなかった断崖や深い溝を記述している。

きわめて高い山々は、神が見捨てた土地、悪魔の領地だと思えた。万年雪はそこが呪われた場所であることの印だと思えた。別の見方では、たとえばボシュエがそう考えていたように、険悪で危険なまでの激しさをもつ山は〈大洪水〉直後の自然の一部分にほかならなかった。学者たち自身も山をよく知らなかった。地図学は山を部分的に見捨てており、その高さはほとんど推定されていなかった。たとえば、アルプスの高さは一七七五年までは曖昧で不正確なままだった。しかし、その前年、地理学者ピエール・マルテルはモンブランと名付けたその頂上を記述し、その高さを四七七九メートルと定めた。その数字は本当の数字に極めて近い。また、ピレネー山脈では、最初に高山を知り、その存在を知らしめたのは戦略家たちだった。

山の流行

実のところ、変化はゆっくりと起こった。十七世紀末、山はエリートのあいだで流行のテーマとなった。[2] 一七二九年にルイ・ブルゲ〔フランスの地質学者〕が出版した『大地の理論』に山を取り扱ったページが含まれていたことがそれを後押しした。とくに、当時台頭した自然神学は山に今までとは別の眼差しを向けるよう促した。たとえば、一六九一年に発表され、一七一四年に仏訳されたジョン・レイ〔イギリスの博物学者〕の『天地創造の御業に顕れる神の知恵』がそうだ。十八世紀半ば、転換点を明確に示しているのが、一七四九年のポール＝アレクサンドル・デュラール〔フランスの詩人〕が韻文で書いた『自然の驚異における神の偉大』である。その五年後、スイスの牧師エリー・ベルトランは、摂理主義にもとづいて山を探検や発見の対象とする『山の使用についての試論』を出版した。以後、山のカオスを整理しようという欲望が広がって、混沌は錯覚に属するだけのものとなっていく。こうして山は自然の実験室となったのだ。

一七二九年にアルブレヒト・ハラー〔スイスの生理学者、詩人〕が〔アルプス地域を通過した旅行についての〕詩を発表し、それが一七四九年に仏訳され、山は本格的に流行となった。ラッセル医師が浜辺を称揚したのはその数年後のことである。エリートの旅行者のなかには、とくに〈グランドツアー〉を実践していたイギリス人がそうだったが、スイスやサボワ地方を道程に入れる者もいた。一七四一年にはすでにウィリアム・ウィンダム〔イギリスの探検家〕とリチャード・ポコック〔イギリスの人類学者〕がシャモニーに滞在している。二人はスイス山歩きの潮流のなかに位置づけられるが、その潮流を代表するのが一七〇二年から一七一一年にかけてチューリッヒのヨハン・ヤーコブ・ショイヒツァー〔スイスの博物学者〕がヴァレー地方で行った一連の旅行で、それは大著の出版につながった。

こうして、山はある意味では発見された。実のところ、長いあいだ問題となっていたのは中規模の山、たとえば地理学者がのちにプレ・アルプスと名付けた山だった。〈グランドツアー〉の道程のほかに、いくつかの条件がこうした発見を可能にし、加速させた。サロモン・ゲスナー〔スイスの詩人〕の『牧歌』によって普及したスイスの繊細な光景やジャン＝ジャック・ルソーの『新エロイーズ』に登場するサン＝プルーの手紙がそれである。サン＝プルーは手紙のなかで、脚色・理想化された、混合的で、山のポジティブな特質に飾られたヴァレー地方を描いている。ジャン＝ジャックが引き合いに出す山は、自然の状態についての夢想、世界の青年期、新しいエデンの園を助長するものだった。

それに加えて、画家や版画家など、芸術家たちの作品も存在し、クロード・ライシュレールなどは高山の認識はまず図像学的なものだったと考えるほどだ。芸術家はその作品を見る者に不意の出現という新しい感覚を覚えさせ、垂直的な美を教えたのである。

カスパー・ヴォルフ〔スイスの画家〕はこうした図像学の重要性を明らかに示している。一七七三年から一七七九年にかけてヴォルフが制作した絵画は科学的な目的に裏打ちされていた。クロード・ライシュレールはヴォルフの作品には誕生直前の地形学の初期の直感が豊富に含まれているとしている。その頃、高山の絵画的表象、「同時に、不意の出現や崩壊のイメージ」でもある表象はつねに地球の歴史というパースペクティブのなかに置かれていた[3]。表象には〈大洪水〉の浸水や原初の火の潜在的な記憶が含まれていただけに余計にそうだった。その点についてクロード・ライシュレールは、地質学的仮説と地球に関する夢想をつねに分けて考えることを正当にも求めている。だがそれはこの時代の作品に関してはきわめて難しい。

第三の条件が、この十八世紀後半における中規模な山の滞在や踏破の人気に作用した。それは山の空気にあると考えられた治療的特質で、偉大な衛生学者・医師であるテオドール・トロンシャンの名声と関係していた。トロンシャンは自らの考えを広めるべくヨーロッパ中と文通していた。こうしてフランソワ・ダゴニェ〔二十世紀フランスの哲学者〕が「空気療法[4]」と名付けたものが広まり、それは右で引き合いに出した地域で実践された。

それと並行して、一八六〇年以降、シャモニーで観光が発展した。一七八五年にはすでに大きな宿屋が三つもあった。だが旅行者の目的は遥か彼方で完全に到達不能だと思えた山の頂上をただ見て楽しむことにとどまった。高山はその時点では景観的なものにとどまったのだ。観光客はそれまでそこに足を踏み入れることはなかった。彼らはそうしたいと思っただろうか？　あまりそのようには考えられない。したがって、彼らはそれがもたらす経験も知らなかったし、手にし得る科学的知識もないままだったのだ。

それでも、遥か彼方の魅惑は計り知れないものだったのかもしれない。ベネディクト・ド・ソシュール〔スイスの自然科学者〕は、モンブランの一大登山を行った一七六〇年から一七八七年にかけて、山塊の周辺を何度も旅行し、それを眺め、遠くから分析し、想像で足を踏み入れていた。高山の身体的経験に先立つ魅惑の形態の一例である。〔モンブランを一望できる〕クラモンの高台で彼に訪れた思考をみてみよう。それは地球に関する強力な夢想の一例であり、そこにはウェルナーとハットンの結合した影響が認められる。その思考はモンブラン登山以前の踏査が実り豊かなものであったことを示している。

そのとき私はこの地球が被ってきた一連の大きな変化を頭のなかで辿りながら、かつて地球の全表面を覆っていた海が度重なる堆積や凝固によってまず、最初の山を作り、次に二番目の山を作るのを見た。私はその物質が同心円を描く地層によって水平に整えられていくのを見た。そして、地球内部に閉じ込められていた火やその他の弾力的な流体が盛り上がり、地殻を突き破るのを見た。それによって、地殻の外側やその下の部分は内部地層に固着したままだったが、地殻内部にある原初の部分は剝き出しにされた。次に私は弾力性のある流体の爆発によって切り裂かれ、ぽっかりと空いた深い穴に水がなだれ込むのを見た。その水は深い穴に流れ込みながら、現在の平野部に点在している巨大な岩を遠くに運ぶのだった。[5]

これが一七七四年のソシュールの思考である。それは「一二、三年のたゆまぬ観察と熟考の結果[6]」だと彼は書いている。〈大洪水〉への暗黙の言及もあれば、氷河の形成過程についての間違った説明――それについては後述する――もある。

クロード・ライシュレールによれば、それは「科学的な起源発生の物語」だが、ソシュールはやがてそれを捨て、水成論や火成論には何ら負うところのない理論に向かう。それでも一七七四年には彼は地球に関する強力な夢想を詳述しているのであり、その夢想は部分的にアルプスの麓に滞在した一部の旅行者に共有されていた。それらの旅行者は「世界の起源を眺めているような感情、基本要素が分離される瞬間に目の前に現れるカオス的な暴力を前にしているような感情[7]」を抱いたのだとクロード・ライシュレールは書いている。

山への視線の多様化

一七八六年と一七八七年に登山が大々的に経験され始め、その体験談も普及し始めた。[8]以後、山に関するあらゆるレベルの無知が薄らぎ、一方でそれに関する知識の社会的多様性も広がった。登山体験の豊富さについてここで詳述するのは冗長――また、やや主題はずれ――になるかもしれない。無知の減少を可能にし、またそれを表しているいくつかの基調について強調するにとどめよう。登山は眼差しの様態を豊かにした。眼差しはまず、視界が閉ざされた感覚によって揺るがされた。次いで、まず垂直な、そしてパノラミックな一望的視線の可能性が出現した。強力な可視性は地層の配列を目にすることや、その変動、褶曲を思い描くこと、一言で言えば、時間を遡ること、ベネディクト・ド・ソシュールの言葉を借りれば、一瞥ですべてを目にすることができる神の位置に身を置くことを可能にした。頂上に辿り着いた登山者は足元に「森羅万象の死骸」(9)が見えているように思った。同時に、眼は底知れぬ深みを体験した。

ベネディクト・ド・ソシュールの個別的なケースでは、明らかにされるのは地質、構造、関係性であり、包括的には、山脈の多様な読解である。山脈は自然の実験室、大いなる謎を解くカギ、まさに地球の歴史の一面を解明するものとなったのだ。それらのすべては絶頂の探求というすぐに繰り返し現れることになるテーマの存在を説明している(10)。

したがって、一八〇〇年頃、アルプス旅行、ピレネー旅行の流行が広まったときには、山は異論の余地なく半世紀前よりもよく知られていた。登山によって、山をより深く理解できるようになったのだ。同時に、地球に関する新たな知覚、新たな認識も現れた。それはもっとも重要な歴史的事実である。山は、視線の革命、認識能力の拡大、言うならば、無知の明らかな減少をもたらしたのだ。

とはいえ、大袈裟に言うのは避けたほうがよいだろう。山はまだその時代の人たちの大半にとっては解明すべき恐ろしいカオス、崩壊の光景だった。山は相変わらず危険なまでの激しさをもつ、常軌を逸した、自己破壊的なものに思えたのだ。一言で言えば、大惨事の現場であり、崇高の規範には合致していたが、自然神学が唱えた称賛には反するものだった。

その点に関して、雪山での死をもたらす雪崩は予見不可能に思えただけに恐ろしいものだった。その轟音、生き埋めにされる恐怖――その時代にとくに強かった――がその恐ろしさを激しいものにした。エリザベス・ウッドコック〔八日間生き埋めになった後、生還した人物〕は、一七九九年に雪崩で雪に埋もれたとき、夫の声は聞こえたが、それに返事をすることはできなかったと伝えている。一八〇七年に二日間生き埋めとなった青年ペーター・ザルツゲバーはのちに夢や幻覚を語った。有名な旅行ガイドのブーリは、冬、雪崩が、それが引き起こすただの空気の圧力で旅行者の息を止め、触れることなく彼らを窒息させたと主張している[11]。

ときに身体を丈夫にするとも考えられていたが、大抵の場合は死をもたらすものとして認識されていた雪の冷気は、山では絶えず話題となっていた。それは地球の避けがたい寒冷化を示しているかのようだった。氷海は地球の未来を映し出しているように思えた。いずれにせよ、氷原付近と同様に、山腹でも、寒さは世界の認識を変化させ、その厳しさは恐怖や、ときに恍惚を呼び起こした。氷河は溶岩流と同様に崇高なものに属していた。しかし、一八二〇年にはまだ、平野、台地、海辺に住む人々のほとんどはここで紹介した変化を経験してはいなかった。

第七章　理解できない氷河

氷河への無関心

極地の氷やそれが十八世紀に呼び起こした議論のことはすでに取り上げて、海が凍結することはあり得ないと信じられていた事実を強調した。他の地域の氷河のことについてはまだ何も触れていない。ところで、その形成や変化のメカニズム、地形図におけるその機能のメカニズムに関しては、当時、無知があらゆる階層で全面的だったことは確認しておかなければならない。科学としての雪氷学は一八九二年に、あるいは、フレデリック・レミの意見では、一八六七年か一八六八年に[1]ようやく誕生した。その反面、すでにみたように、氷原（英語でパック・アイス）や、陸地を覆う氷を指す氷帽という用語は普通に使われていた。

それ以上に驚きなのはおそらく、その分野における知識欲が当時きわめて希薄だったことだろう。

人々が氷河の流出や氷という固体が溶けて谷間に流れていく過程などを本当の意味で理解しようとしたのは、ようやく十九世紀半ばになってのことだった。ところで、その時代まで、小氷期が氷河の進展を可能にしており、当時はアルプスにおけるその進行の最終段階だった。

アルプスを旅行したラモン・ド・カルボニエール〔フランスの地質学者、植物学者〕は、彼によれば極地の不毛状態に類似する危機に瀕したそうした場所で、氷河が「徐々に侵出している」（クロード・ライシュレール）という感情に襲われた。「経帷子のようにそれを包み込みながら、氷が深い谷間を埋め尽くし、それとともに荒廃や死をもたらすのだ。[2]」

氷河、とくにシャモニー渓谷の氷河に関して、当時もっとも顕著だったのはその進行である。羊飼いたちは「彼らのアルプスのもっとも麗しい部分を氷河がまだ埋め尽くしていなかった幸福な時代の記憶[3]」を思い起こした。ウィリアム・コックス〔イギリスの歴史家〕によれば、それはアルプス渓谷の未来を脅かすきわめて憂慮すべき変化だった。こうした氷の恐るべき氾濫がすべてを飲み込んでしまう可能性があった。当時の人々はこのような脅威は山々の最上部に氷が持続的に蓄積したことによって生まれたと考えた。またそれは「地球生成の最初期以来」のことだった。さらに氷のそのような進行はいかなる規則性にも則ったものではないように思われた。それは「気まぐれな状況」しだいで変化する——無知を表す見事な表現だ——ように見えたのだ。

とはいえ、一七三〇年代以来、学者たちのなかには研究室を離れて「冷凍庫」を観察しに行く者もいた。かつて、山の流行の主要な責任者であるアルブレヒト・ハラーは、『アルプス山脈』と題された詩のなかで、いくつかの渓谷の緑の草地に氷が存在することの驚きを記述している(4)。

魅力の発見

本書の出発点である十八世紀半ば、「冷凍庫」――ソシュールが氷河という用語を定着させる以前に――と呼ばれていたものにたいする感情の転換が起こった。それまでは恐怖、さらにはまた不安が支配的だった。ところがそこで、ある種の氷河が紛れもない魅惑を発揮するようになる。その美しさ、その形態の変化、理解できなかったその動きが驚きと同時に驚嘆をもたらしたのだ。

観察は、氷河がそれに溝をつけるクレバスとともに移動していること、氷河が石の塊を運び、岩を侵食していること、氷河が山の頂上からやって来ることを示していた。当時もっとも普及していたのは、氷河は高所にある巨大な貯水地に由来する融解水が凍結して生じたものだという考え方である。しかし、やはり観察することは理解することではない。だから氷の動きはなかなか理解できなかったのだ。もっとも手強い謎は迷子石〔氷河によって別の場所に運ばれ、取り残された岩〕の存在に由来していた。氷河は下から上に形成されるのか、それともより可能性の高い上から下に向けて形成されるのかという疑問が最初に持ち上がった。迷子石の存在に関する――今日では突拍子もないと思われそうな――説明があちらこちらでいくつか提示された。ジャン＝エティエンヌ・ゲタール〔フランスの植物学者、鉱物学者〕は一七六二年に、迷子石は、侵食され、やがて消滅したかつての山の名残であると考えた。ジャン＝アンドレ・ドリュック〔スイスの地質学者、自然哲学者〕は一七七八年に、迷子石は地下爆発によって生じると主張した。なかには――それがもっとも一般的な説明だったが――迷子石は水によって、あるいはそれどころか、一つあるいは複数の洪水のときの泥によって運ばれたことで生じたと考える者もいた(5)。

それと並行して、アルプスの氷河は、すでにみたように、本格的な観光を呼び起こした。氷河は好奇心をそそった。無知が重くのしかかった。だが観光は遠くでそれを知らしめて、分析する一つの方法だった。氷河を描くことが問題だったのだ。クロード・ライシュレールはその点について画家の重要性を強調している。画家たちはアルプス、その深い谷、頂上、山間、滝、そして何にもまして氷河を描くことに専心した。そうした芸術家のなかで、もっとも有名で才能豊かなのはやはりカスパー・ヴォルフである。ヴォルフの目的は大衆の眼差しを育成することだった。ヴォルフは一七七三年から一七七九年にかけてアルプスを描いた。ヴォルフの野心は絵画的でもあり科学的でもあった。氷河の理論に関しては無知だったが、それでも、ずっとのちに学者たちがU字谷あるいはモレーンダム湖と名づけるものを正確に描いた。「十八世紀における高山の絵画的表象はつねに地球の歴史というパースペクティブのなかに置かれ、同時に、不意の出現や崩壊のイメージでもあった(6)」とクロード・ライシュレールは書いている。また、山の外観は絵画上ではつねに危険なまでの激しさをもつものであった。カスパー・ヴォルフによる氷河の絵はそのすべてを例証している（口絵4参照）。

氷河について多少長く説明してきたが、それは氷河が様々な謎を担うもので、そうした謎の束が本書で追求している無知をよく表しているからである。

第八章　火山の魅惑

火山学の揺籃期

詳細な統計調査を行ったグレゴリー・ケネによれば、十八世紀末、地球内部を発見しようという実りのない試みにおいて、火山が地震に取って代わった。「火山ブームは十八世紀後半、とくに一七七四年から一七八四年の時期の際立った特徴の一部である」[1]とケネは書いている。それに加えて、火山の隠喩的な価値づけも高まった。一七八〇年代、哲学的主題として火山が流行だった。火山はまた、きわめて含蓄のある文学的形象でもあった。地震と火山のいずれに関しても、無知と不確かさが原因の動揺は残った。

この新たな流行は説明がつく。イギリス人の〈グランドツアー〉はイタリア南部方面に広がっていた。それはいまやナポリ、ときにはシチリア島をカバーした。言い換えれば、フレグレイ平野〔ナポリ西方のカルデラ」、ヴェスヴィオ火山、エトナ火山は多くの旅行者に知られており、彼らは文化的目的と、程度はそれよりも少ないが科学的目的を混ぜ合わせながら、それらを見物や散策の対象としていたのである。要するに、この時代、人々は火山を見て、身を震わせ、夜はとくに素晴らしいその光景に感嘆してはいたが、理解はしていなかったのだ。火成論的視点から地球内部の炎に言及したものであれ、アリストテレスがかつて示唆したように、地殻の可燃物質の燃焼に言及したものであれ、火山の起源に関して積み重ねられた説明が内容に乏しかったことはそのことを証明している。さらに、一部の散歩者やハイカーが示した熱意にもかかわらず、科学的観察は相変わらずお粗末なものだった。

火山に関しては、接近した経験はきわめて限定的だった。だが、火山を一度も見たことがない人たち――大多数がそうだった――と、ごく一部の見たことがある人たちとを区別しよう。注意深く観察していた人たちは活火山が酸性の、あるいは水分を多く含んだ蒸気、火砕物、そして長い「火の小川」、つまり幅の狭い溶岩流を放出することを知っていた。

それでもこの時期は火山学の揺籃期に当たる。アレクサンダー・フォン・フンボルト〔ドイツの博物学者、探検家〕によれば、火山は地球内部の地殻にたいする反応であり、地殻と地底深くに位置する火床が連絡していることの証明である。フンボルト――アンデスの火山を知っていたが、それについては後述する――は様々な種類の火山を区別して、その形態や噴火口の形の多様性を強調した。フンボルトは「火山の高さ」はそれを生み出した力の尺度であると考えていた。そのことは小さな丘陵から六千メートル級のアンデス火山円錐丘までに当てはまる。フンボルトは、そのなかでもっとも小さいストロンボリ火山はホメロスの時代から活動中であり、アンデス山脈の頂部を覆う超巨大火山のようなもっとも高いものは長い休止期間をもつと指摘している。

フンボルトによれば、溶岩の噴出は、ほとんどの場合、山のもっとも脆弱な側面の開口から生じる。ときに、側面の亀裂部に釣鐘型あるいはミツバチの巣箱型の噴火丘が形成される。(2)

火山をめぐる文化的追憶

教養人の頭のなかに存在した古代の記憶や原典を過小評価することは慎まねばならない。火山は、火山という言葉ではなく、燃えて物を吐き出す灼熱の山という表現で言い表されてはいたが、古代人の記述のなかに頻繁に登場した。火山の擬人化はその激しい性質によるものだ。唯一、ストラボンは正確で、エトナ火山について、黒煙、火砕物、溶岩を識別している。カッシウス・ディオ〔ローマ帝国の政治家、歴史家〕は火山に神の存在の印を見てとり、雪と火が混在することをその証拠とした。

中世末期とルネサンス期に、火山は再び文学的注釈の対象となった。(3) 一四九六年、ペトラルカによるモン・ヴァントゥ登山のはるか後、ピエトロ・ベンボ〔イタリアの詩人〕がエトナ火山に登った。茫然自失したベンボはそこに、息を吐き、喚き散らす怪物を見た。(4)

十七世紀には火山はルシファーやベルゼビュートなどの悪魔の巣窟へと続いていると考えられていた。教父時代以降、また、のちのスコラ哲学者のあいだでは、火山は地獄の入口と考えられ、恐れられた。噴火や他の多くの現象は炎をつうじた神の怒りの表れだった。火山は何人かの作家たちの目には景勝や風景である以上に人物として映った。火山は生き、死に、子孫を残すものだった。たとえば、死しては復活するヴェスヴィオ火山は不死の場所として神学的な山となり得ただろう。雪と火の驚くべき混合もまた聖母マリアの人物像を象徴するものだったかもしれない。

十八世紀末にはまだ――それは驚くべきことではないが――一七七九年にヴェスヴィオ火山が噴火した際、ナポリの人々は、ウィリアム・ハミルトン〔イギリスの外交官、考古学者〕によれば、火山から下る溶岩流を堰き止めるのに聖ヤヌアリウス〔ナポリの守護聖人〕の力に頼った。彼らは同じ目的で一連の宗教儀式も行った。

この十八世紀末に火山に直面した人々の頭のなかには、これほど多くの文化的追憶があったという事実を無視することは慎まねばならない。たとえばウィリアム・ハミルトンはこのテーマを取り扱った古代の文献を示すよう留意している。ストラボン、セネカ、カッシウス・ディオ、キケロ、タキトゥスの文献がそれである。もちろん、小プリニウスの文献もそうで、七九年八月二十四日に叔父である大プリニウスの命を奪ったヴェスヴィオ火山の噴火の逸話は誰もが知っていた(5)。

〈グランドツアー〉の延長以外に、他のいくつかの要因が十八世紀末における火山体験の歴史を左右した。それについては、イギリス大使として両シチリア王国のナポリに駐在していたウィリアム・ハミルトンという人物が重要である。彼は六十数回、ヴェスヴィオ火山の登山に出かけており、そのうちの何回かは噴火中に行われている。一七七一年五月十一日、ハミルトン卿は国王夫妻を連れてヴェスヴィオ火山に赴き、溶岩流を観察した。一七七三年六月五日と六日にはベネディクト・ド・ソシュールとともにエトナ火山に登った。二人の学者の興味深い交流である。

ヴェスヴィオ火山

より重要なのはおそらく、ハミルトンがストロンボリ火山も観察していたことである。同時に英語とフランス語で出版された彼の著書『フレグレイ平野——両シチリア王国の火山についての観察記録』は、一七六六年から一七七九年の間にロンドンのロイヤル・ソサエティに送った五通の手紙をまとめたものである。ピエトロ・ファブリスが彩色デッサンした図版五四点と詳細な説明が付けられた同書は、火山の科学的研究の幕開けを告げている。

たとえば、図版Ⅱは一七七九年の夜間のヴェスヴィオ火山噴火の様子——平凡なものかもしれないが——を描いており、それには「噴火の瞬間に描かれたオリジナルを元に」との記述が添えられている（口絵5参照）。

ウィリアム・ハミルトンはフレグレイ平野の景色が火山を起源としていることを証明した。一七六〇年十二月二十三日に始まり一七六一年一月五日に終わったヴェスヴィオ火山の噴火は六千マイル離れたところでもはっきりと感じられた。ハミルトンによれば、それは地底のきわめて奥深くに由来するもので、ビュフォンなど何人かの学者たちの意見とは反対に、山に堆積した物質の単なる爆発ではないだろうとのことだった。

同じ頃、他の二つの要因が火山の知識を促進した。最初の要因は観察が地理的に広がったことに関係するが、まずはアレクサンダー・フォン・フンボルトの例をみてみよう。一七九九年から一八〇四年にかけて、フンボルトはエメ・ボンプラン〔フランスの探検家、博物学者〕を伴って南米、とくにアマゾンのジャングルを横断し、リャノ〔ベネズエラを流れるオリノコ川流域からコロンビアに広がる草原〕やメキシコの砂漠の探検を行った。一八〇二年六月、フンボルトは当時、世界最高峰だと考えられていたチンボラソ火山に登った。一八〇四年に帰国後、『赤道地方紀行』を執筆し、同書はまさに熱狂を巻き起こし、ヌエバ・エスパーニャの属領を自然科学の実験室、本書に関するところでは、崇高な火山の実験室とした(6)。

アレクサンダー・フォン・フンボルトはアンデス火山の新発見によってそれまでの情報を一変させた。アンデスの火山はある意味では地中海の火山を背景に追いやった。それら壮大な火山は、言語を絶する領域に達しているとも思えるその大きさ、神の顕現であるかのようなその端正な姿形によって、ある意味ではそれらが所在する〈新世界〉の象徴でもあり、超越性の証拠として捉えられていた。とくにチンボラソ火山は「恐ろしくも夢幻的な出現、それによって自然が芸術作品となるような表現(7)」として記述されている。この新世界では、火山はヨーロッパにおけるよりも崇高な性質を表していただけでなく、他性を印づけるものでもあって、その他性は〈新世界〉のそれに属すると思われた。それでも、フンボルトにとっては、頂点がもっとも整っていて趣があるのはコトパクシ山〔エクアドル中央部の活火山〕だった。同じ頃（一八〇一年）、ボリ・ド・サン＝ヴァンサン〔フランスの博物学者〕はブルボン島、現在のレユニオン島にあるピトン・ドゥ・ラ・フルネーズ〔火山〕を記述している。

絵画と文学

この十八世紀と十九世紀の転換期において、火山の知識はまた――おそらくおもに感覚的経験に関しては――絵画表象の、副次的には文学表象の流行と隆盛に由来していた。教養人にとって、火山は暴風雨とともに自然のなかで感じやすい魂をもっとも激しく揺さぶり、恐怖、不安を感じさせ、驚愕の光景を眺める喜びを与えてくれるものだった。さらにはバークやカントが言うところの崇高を定義する甘美な恐怖を体験させてくれるものだった。火山はそれ自身の風景を作りだしているかぎりにおいて、哲学者スピノザの概念である能産的自然のもっとも分かりやすい例として考えられたのかもしれない。

噴火の光景の雄大さ、美しさ、とりわけ夜の華々しさ、それが呼び起こす恐怖や無限の感情はとくにイギリスやフランスの一部の画家たちを魅了した。実際のところ、その構想は新しくはなかった。十七世紀には（キルヒャーが描いたエトナ山と地底の火もあった）、サルバトール・ローザがすでにエトナ山を描いている。しかし、ヴェスヴィオ火山の噴火を描いた画家のリストは翌世紀には長大だった。[8] ドイツのヤコブ・フィリップ・ハッケルトは一七六三年以来、ヴェスヴィオ火山に夢中になった。ハッケルトはのちのロシア皇帝パーヴェル一世やモーツァルトをそこに招いた。一七七四年にハッケルトが描いた噴火の絵は、とくに溶岩流の粘着性を見事に再現し迫真的に描かれたものである。

画家ジョセフ・ライト・オブ・ダービーは地質科学に情熱を傾けた。彼もまた噴火するヴェスヴィオ火山を描いている。それは彼の言葉では「自然のもっとも素晴らしい光景」なのだった。

一七六八年以来ナポリに移り住んだピエール＝ジャック・ヴォレールは、噴火するヴェスヴィオ火山を描いたフランス人画家のなかで異論の余地なくもっとも才能ある画家だといえる。彼はとくに夜景画を好んだ。ジャン＝ピエール・ウエルはシチリア島を旅行した最初の画家の一人である。とくに一七七六年から一七七九年にかけてそこを訪れている。一七八二年から一七八六年の間に豊富な図版を付して出版された彼の著書『シチリア島・マルタ島・リーパリ島絵画紀行』は浜辺と火山にたいする感受性の歴史にとって必要不可欠な一冊だ。

ストロンボリ島の噴火口を描いたウエルの赤色石版画は、地形学的に正確きわまる火山へのアプローチとなっている。自身が感じた恐怖心に促されて、彼はそれに崇高な感情を滲ませた特徴的な言葉でコメントを加えている。「しかし、かくも恐ろしい場所を観察しながら私が感じた恐怖には、この燃え盛る光景の雄大さや美しさがもたらす快楽のようなものが入り混じっていた。」(9)

陸も海も渡り歩いた地質学者で画家のジャン＝ピエール・ウエルはすでに、キュヴィエの主張を予告する、地球の歴史の破滅的なヴィジョンを示していた。その点では、彼にとってリーパリ島はつねに変化する荒々しい自然の一大実験室だった。

当然、そのような視点から、同じ時代のサドの作品が頭に浮かぶかもしれない。火山の噴火（彼はその絵を監獄に飾った）に魅了されたサドは――周知のとおり――いくつかの小説の結末に噴火する火山や、たとえば『ジュスティーヌあるいは美徳の不幸』のように、雷撃を登場させている[10]。スタール夫人の小説『コリーヌあるいはイタリア』には流行だった火山詣の話が出てくる。本書に関するところでは、火山の知識をもたらしたのは、書物、版画、絵画など様々だった。しかし、それはやはり〈グランドツアー〉の継承者であった教養あるエリートにだけ関係することにちがいなかった。

死火山についてはまだ何も触れていない。地質学の黎明期を扱う章でまたみることにしよう。それに関する先駆者はウィリアム・ハミルトンでもジャン＝ピエール・ウエルでもなく、一七七八年に『ヴィヴァレ地方・ヴレ地方の死火山についての研究』を著したフォジャ・ド・サン＝フォン〔フランスの地質学者〕や、本書ですでに言及した玄武岩の性質をめぐる論争の中心にいたゲタールである。「オーベルニュ地方の火山の発見者」と目されたゲタールは、同じくその分野に身を投じたデオダ・ド・ドロミュー〔フランスの地質学者〕とは反対に、溶岩の最初の分類者、玄武岩の分析家であり、玄武岩の水成起源を唱えたウェルナーに共鳴したのち、最終的には地球の中心には炎が存在するという説を支持した。『南仏博物誌』（一七八一年）の作者で火山層位学の生みの親であるジロー＝スーラヴィ神父は地球の歴史に深い時間的奥行きがあることを世論の一部に知らしめるのに大きな役割を果たした。

とはいえ、やはり十八世紀末や十九世紀初頭には、活動する火山を遠くからでも見たことがある人はほとんどいなかった。しかし、文化的、感傷的、科学的、社交的な旅行を実践していたエリートのあいだでは、火山はその頃、ヴェスヴィオ火山の活動が沈静化した次の世紀には見るべくもない流行を博していた。地震についても同様のことが言えるだろう。

ラキ火山の影響

最近では、これらの時代を扱う歴史家は火山に大きな重要性を与えている。火山の歴史的知識は急速に進化し、多くの仮説が提示されている。ところで、一七八三年のアイスランド、ラキ火山の噴火がもたらした影響は、のちのタンボラ火山の噴火〔現在のインドネシアにある活火山の人類史上世界最大といわれる一八一五年の噴火〕の影響と同様に、思いもよらぬものだったし、十八世紀末の「乾いた霧」は、それに続く時代の「乾いた霧」〔第Ⅱ部第三章を参照〕と同様に、まだ説明されていなかった。ただ、火山を取り扱うこの章にそうした影響を含めるのは時系列を混乱させることになるかもしれない。

それでも、一七八三年夏にヨーロッパを襲い、壊滅的な結果を招いた大惨事の原因に関する無知にたいして何も言わないわけにもいかないだろう。今日、アイスランドの地震学の歴史に精通している歴史家は、それが一七八三年年に起こったラキ火山の噴火によって発生したものであることを知っている。噴火に続いてとくにみられたのは、当時の人々が「乾いた霧」という名で呼ぶことになる現象の蔓延である。火山に関する知識や無知を取り扱う本章でそれに言及するべきだろうか？　それはやめておこうと思いはした。というのも、当時の人々――ベンジャミン・フランクリンと二名の無名学者を別とすれば――はその原因を知らなかったからである。ただその一方で、彼らはラキ火山の噴火の影響と思われるものについて多くを書き残している。

今日では、一七八三年夏に起こった噴火はそれだけではないことが分かっている。その年には、他にも一二件ほどの噴火が記録されている。一連の噴火は一七八二年十二月の、日本の本州、岩木山の噴火から始まり、それに続いて別の噴火が伊豆諸島・青ヶ島で起こった。一七八三年五月には、浅間山が大規模な恐ろしい噴火〔天明大噴火〕の舞台となる。空は数週間にわたって覆われ、飢饉がそれに引き続いた。

アイスランドでは、一八七三年七月八日、ラキ火山の玄武岩亀裂部が活動状態に入り、恐ろしい溶岩流の流出が七ヶ月続いた。火山灰と降雨が耕作地に大きな被害を与え、次いで影響は南部に広がった。[11]

原因に関する無知がおそらく、そうした出来事によって喚起される感情を激化させた。一七八三年夏以降、ラキ火山は北ヨーロッパ全体の気候に影響を与えた。「乳白色の霧が熱を帯びた大気中に広がった。真昼の太陽は雲に隠れる月ほどに暗く、鉄錆色の光を投げかけていた。」とセルボーンのギルバート・ホワイト〔十八世紀イギリスの牧師、博物学者〕は書いている。[12] この霧の色は時間帯によって変化したが、場所によっても変化した。たとえばラン〔フランス北部の都市〕では太陽は淡いオレンジ色に微かに輝き、アルプス地方では肉眼で眼を痛めることもなく見ることができた「赤黒い」円盤の周囲に「青みがかった光」が広がるばかりだった。

「夜、月や星はほとんど見えなかった。」さらに、日中、視界を覆っていたその霧は硫黄の臭気を伴い、その臭気はナポリまで大気を汚染した。六月の盛り、木々の葉は枯れ落ちた。その霧は健康に悪いことが判明した。それが「腸チフス」や未知の病、とくに「潰瘍性の咽頭痛」を引き起こすとされた。また、乾いた霧と呼ばれるその霧は一七八三年の夏、とくに七月十日、十一日に猛烈な雷雨をもたらし、新聞雑誌は子供が落雷に打たれたと報じている。

本書に関するところでは、重要なのはその現象が説明されないままだったことである。原因に関する無知がやはり恐怖を増幅したのだ。ジャーナリストたちは説明を求めた。災禍がほとんど全ヨーロッパ、さらにはアジアの一部にも及んでいることを知った彼らの読者は、彼らに手紙を送って、驚愕と不安を伝えている。ルイ・コットによれば、一般大衆にはこの厄災が世界の終末を予告するものと思えた。聖職者のなかには太陽を覆う大気の混濁を見て〈最後の審判〉が近づいていると口にする者もいた。

老人たちはこのようなものは見たことがなく、いまだかつてこのような現象は起こったことがないと話した。一七八四年に初めてアイスランドの火山噴火との関連を指摘したのはベンジャミン・フランクリンだと言われている。実のところ、そのような意見はあまり有名ではない学者によってそれ以前にすでに唱えられていた。一七八三年八月にはモンペリエの科学アカデミーに宛てた報告書でジャック＝アントワーヌ・ムルグ・ド・モントルドン〔科学アカデミーの会員〕が、続いてベルギーのベネディクト会修道士ロベール・イックマンがそのような意見を述べている。大惨事を説明しようとした学者のなかには、「電気流体」の過剰や一七八三年二月五日にカラブリア地方とメッシーナで発生した地震の影響など、他の仮説を唱える者もいた。とはいえ、「乾いた霧」には一般大衆と同様に科学者たちもただ仰天するばかりだった。

こうした逸話や他の「乾いた霧」が十九世紀に引き起こすことになる驚愕や恐怖に関するあれこれは、無知の影響、とりわけ無知が共有されているときのその影響をもっぱら強調しようという本書の目的を強固にしてくれる。

第九章　恐るべき大気現象

荒天とその地域性

嵐、暴風雨、サイクロン、台風、竜巻、トルネード、激しい雷雨、一寸先も見えない霧……。ずらりと並ぶそれらの現象は次第により詳細に記述され、地球を恐ろしいものにした。それらはあらゆる地域を襲った。大規模な水害を引き起し、凄まじい難破や壊滅的な物的被害をもたらしたのもそうした現象であり、それらはその時代の災いの性質を帯びていた。

それらに関する無知は、その原因、起源、過程、予測のいずれについても、その時代においてはほぼ全面的だった。この十八世紀後半には、学識の豊かな人々も教養のない人々以上にそれについて知るところはあまりなかった。当時そうした現象の数々を被っていた人々のことを理解しようとするならば、大気のメカニズムに関する彼らの無知を考慮に入れなければならない。それが彼らの生活の重要な条件の一つだったのだ。

大嵐や、それを作りだし、それに付随するあらゆる現象については、様々な毛色の航海士たちによって大量の資料が提供されていた。当時彼らはおもに遠洋を航海し、彼らを沈没や座礁――こちらがより頻繁だった――の危険に晒す大気の怒りに怯えながらつねに生きていた。

ここで言及するのは古代以来、大作家や大画家たちに着想を与えてきた本源的な対象である。彼らは皆、悲劇に繋がる大気の法則を知らず、それをボレアス〔ギリシア神話の北風の神〕や聖書の、そしてキリスト教の神の怒りのせいだと考えた。だが、ホメロス、ウェルギリウス、『使徒行伝』、シェークスピア、シャトーブリアンによって記述された嵐を分析することが本書の目的ではない。嵐と、難破の途中あるいはその結末は、啓蒙の世紀の絵画や文学のきわめて重要なテーマだった。際立って悲壮な場面を描くことで、芸術家は多彩な情念、冷静沈着、あるいはルクレチウスが言った「海が荒れるとき丘にいて見ているのは甘美なことだ」、すなわち「ネガティブな幸福」への遥かな参照に連なる快楽を明示することができたのだ。十七世紀が――オランダの海景画を度外視すれば――そうした一連の絵画の幕開けとなり、それがディドロの『サロン』で賞賛されたジョゼフ・ヴェルネの傑作や、より複雑なルーテルブール（ラウザーバーグ）の傑作につながった。

難破やその様々な想像的帰結の運命は、富裕な島に辿り着くバキュラー・ダルノー〔フランスの小説家、劇作家〕の「幸いなる難破」から、ベルナルダン・ド・サン＝ピエールの小説で純潔なヴィルジニーの死とポールの絶望を招く、ブルボン島の岩礁で難破したサン＝ジェラン号の悲劇まで、小説文学を特徴づけた。アメリカから帰還する若きシャトーブリアンが航海中に味わった苦悶は『墓の彼方の回想』のいくつかのページに滲んでいる。

ところで、現実のあるいは想像上の航海士や旅行者は、彼らを危険や忍耐に導いているもののメカニズムに関する無知を解消する術をもたなかった。それは劇の見せ場や絵画のなかで難破を目にする観客にとっても同じことだった。

同時に、「気象学的自己」の浮上――それについては後述する――、自己の偶然と不可解な空の偶然との一致はそれにたいする関心やそれを理解したいという欲望を強めた。また、ジェームズ・マクファーソン〔スコットランドの作家〕によるところのオシアン〔スコットランドの伝説的英雄詩人〕の詩における雷雨の重要性や、ドイツで花盛りだったシュトゥルム・ウント・ドランクの美学的規範の重要性については言うまでもない。要するに、強烈な感情の触媒であった嵐や雷雨が掻き立てる、実際の、想像上の、夢想の感情の歴史は絵画的な流行と一致していたのである。そうした様々な条件に関して、無知や無理解があったからこそ、感情が強められ、夢に向かい、知識によって緩和されたかもしれない様々な感情を味わうことができたという仮説を立てることもできるだろう。

むろん、以上のすべてのことは個人と荒れ狂う自然との対決であった崇高に属するものである。個人は、自然の過剰によって喚起される恐怖と、恐ろしい光景を前にして様々な興奮を味わっているという感情、生きているという感情がもたらす快楽を同時に感じていた。アヌーシュカ・ヴァザックによれば、啓蒙主義時代における「雷雨にたいする情熱」は人間が天上的なものと決別して、「空や地球を自分のものにした」[1]ことをものがたっていた。それはやはり荒れ狂う自然に関する無知がほぼ全面的だったことにもよるだろう。そのような知識不足は、それを身に受け、確認するほかなかった大多数の人々に関しては理解できる。その点では、当然のことながら、海岸付近に住んでいた人々は内陸に住んでいた人々よりもはるかに豊かな経験をもっていた。難破は当時――そして、その後も長く――よくある悲壮な光景だった。一七八八年やその他の機会には、フランスに壊滅的な被害をもたらした大嵐が、いわばフランスを縦断し、それまで海岸の悲劇をまったく経験したことのなかった人たちに強いショックを与えた。

いずれせよ、嵐にしても、その他の大惨事にしても、地域性が支配的だった。黒い雨雲、土砂降りの雨、雹雨は小教区の範囲に関する話で、住民たちは嵐が早く隣の小教区に移動することを願うばかりだった。その点で、無知は記憶には影響しなかったことを指摘しておこう。大嵐の記憶は大規模な水害や「極寒の冬」の記憶と同様に深く刻み込まれていた。

気象を記録する

そうしたことはどれもきわめて月並みなことではあるが、月並みでないのは――そして、歴史家が考慮に入れなければならないことは――当時、無知が学者たちのあいだで、科学アカデミーの会員のあいだですら、ほぼ同様に大きかったことである。ここで紹介した現象はまだ理性的には捉えられていなかった。十八世紀後半の学術大事典を読むだけで、それを確信することができるだろう。

それに関して無知が減少し、知識の階層化が広がるには、十九世紀を待たなければならなかった。知識不足を際立たせる特徴を詳しくみてみよう。第一に、気象を記録することは数世紀前から行われていたが、それはまず収穫の成り行き、通商あるいは海戦の成功に関わる心配に相変わらず対応するものだった。家事日誌であれ、地方のアカデミー会員、貴族、あるいはイギリスの、次いでフランスの聖職者がつけていた日記であれ、気象の記述は記述者の視覚による身体的な観察に由来し、ときに気温や気圧の計測によって補強されていた。

その頃の計測機器のお粗末さは明らかだった。たしかにこの十八世紀末には温度計はどこにでもあってよく使われてはいたが、十七世紀に発明された気圧計はまだあまり普及していなかった。雨量計はまだ数は非常に少なく、きわめて簡略的なものだった。

気象現象の記録の前史についてさらに詳細にみてみよう。気象現象に関する無知を考えると、記録は逆説的なことに当時盛んに行われていた。

十七世紀にはすでに気象現象の科学的観察の試みは道を切り開いていたが、その道はすぐに閉ざされてしまった。一六五四年から一六六七年にかけて、トスカーナ大公フェルディナンド二世はイタリア北部一帯から中央ヨーロッパにかけて各地に観測所をつくらせ、そこで定期的に風向き、気圧計の示す気圧、湿度、視程が観測された。それらのデータはすべて紙に記録され、アーカイヴ化された。ところが一六六七年、聖職者の圧力で実験は中止された。その頃、より正確には一六六〇年代、ロンドンのロイヤル・ソサエティの碩学、ロバート・フックは気象統計を発表していた。友人の有志らが協力してくれたが、彼らは面倒に思えた観察にすぐに飽きてしまった。なかでもとくに興味深いのは、ロバート・フックが「上空の霞んだ状態」を定義する用語集を提案していることだが、それは反響を呼ばなかった(2)。

十七世紀末から十八世紀には、学者たちによるデータ集の数は増加した。一六六五年から一七一三年にかけて、ルイ・モラン〔科学アカデミーの会員〕は毎日、五〇年近くのあいだ、気温、気圧、空の霞み具合を大まかに計測した。彼はまた、風向きや降雨の種類も記録したが、それはパリ南部のサン＝ヴィクトワール修道院で行われたことである(3)。

一六八八年以降、科学アカデミーはパリ気象台のデータを体系的に収集し、一七〇一年から『研究報告』にそれを発表した。その後、地方のアカデミー会員も連続的なデータの構築に携わった。十八世紀後半には、ルイ・コットがフランス、イギリスおよびヨーロッパ全体に広範な通信網を配備した。

当代の気象学的知識の保持者を自認していた同じルイ・コットの『気象学概論』の中身を見るだけで、十八世紀後半の学者たちが実際にどれほど無知であったのかを推し量ることができる。それは、①「空気の大気現象」（風、竜巻）、②「水の大気現象」（霧、雲、露、雨、霜、雪、雹）、③「火の大気現象」（稲妻、雷鳴、鬼火、セント・エルモの火〔雷雨によって船のマストなどの先端に起こる放電現象〕）、④「光の大気現象」（虹、幻日〔大気中の氷晶が光を屈折させることによって生じる光学現象〕）の四つに分類される大気現象の一覧表である。同書は大気現象に向けられた極度の関心を証明するもので、学術的な観察の集成であり、大気現象の分類にたいする欲求を表している。だがそれについての説明は一切ない。

雲をめぐる想像力

大衆においても、学者エリートの大部分においても、執拗な誤りのうちの一つは、霧などの、今日、大気現象と考えられている現象のいくつかは、大気中の物質ではなく地上の物質、あるいは発散物によって構成されていると考えていたことで、そのことがそれらの現象をとりわけ手強いものにしていた。この十八世紀末に生きていた人々は雲を読み解くことができなかった。より正確に言えば、頭上を流れていく、色の付いた、奇妙で、変化する形に名前を付けることができなかった。雲を眺める人は大抵の場合そこに、千変万化の奇妙な場面、幻想、おとぎ話や〈青本〉〔大衆向けの廉価本〕に出てくる巨大な動物や怪物の争いを見るのだった。

実際、どの時代でも雲を見る人間はその解釈に挑んできた。人間は雲を自分の想像力にしたがって形づくってきたのだ。シェークスピアは〔『アントニーとクレオパトラ』で〕アントニーにアクティウム海戦に敗北した直後、こう語らせている。「ときに雲は龍に見えたり、獅子に見えたり、熊に見えたりする。ときに空に漂う蒸気が、塔、城、ぎざぎざの岩、切り立った山や木々に覆われた紺碧の岬に見えたりするのだ……。」(4)

その後、一七〇四年にジョナサン・スウィフトは『桶物語』で別の動物を提示している。「地平線にはクマの形をした大きな雲が、空の天辺にはロバの形をした雲が、西の空には龍の爪の形をした雲が見える。」だが、そうしたものはすべて儚いがゆえに検証不能なものだった。またそれは、スウィフトが残念がっているように、伝達不能な知覚でもあった。[5]

そうした見方がいまだ空を見上げる十八世紀末の人々のものでもあった。ドリール神父は『自然三界』で雲の解釈についてこう書いている。「眼はそこに、華やかな田園が光り輝くのを／火山が噴火し、山が盛り上がるのを／光がきらきらと輝く岩に叩きつけるのを／闇の淵から焼け付くような波が流れ出るのを／豊かな色彩と変化する形のなかで／大雑把に描かれた獅子や駿馬がうごめくのを見るのだ。[6]」

地域と身体に根ざした天候予測

おそらくもっとも重要なのは、大気現象が発生する場所や、嵐、とくに海上を襲う嵐の経路が当時分かっていなかったことである。進路図はまだなかった。もちろん、悪天候の原因などまったく分かっていなかった。

無知の大きさを考えると、予報やそれに付随する悪天候への備えは表面的なものでしかなかっただろう。天気を予測することは経験から生まれる民間の知識に属していた。したがって田舎では、予測は諺を唱えることに慣れた年配者の占有物となっていた。私が子供の頃、ある老農夫は「八月十五日を過ぎたら、晴れとはおさらばだ」とよく言っていた。実際、諺は経験にもとづいていた。

今日でもなお、雨や雪が降ることを予測し、小春日和が来ることを仄めかしていた人たちのことを誰もが覚えている。

しかし、重要なのはおそらくそれではなかったのだろう。天気の予測は、とくに田舎では、歳時記や諺の集成だけに準拠していたわけではなく、肌で感じる湿気や、研ぎ澄まされた目や耳による観察など、身体的なものに属していた。空模様を感じ取り察知できること、様々な風――多くの場合、それらには名前が付けられていた――のそよぎが何を告げているのか聞き分けられること、[7]それが雷雨、あるいは暴風雨を告げるものなのかが分かること、天候の変化が何をもたらすのか予測すること――それらは、収穫の時期を決定し、雹害に備え、干し草や麦をタイミングよく取り込まなければならない者に課された使命だった。もちろん、それらはどれも、何世紀も前から地域性を定着させていたものだった。大気現象の地理的な起源はあまり重要ではなかったのだ。気象学が一般に普及していなかったため、どれも根拠はなかった。悪天候にどう備えるかを決めるには、あまりにも曖昧な指示が書かれている暦書があるのみだった。

このような無知の文脈において、伝統的な形象が維持されたことは理解できる。神の介入にたいする信仰は、この空の領域では、大地で起こる大災害以上に根強かったものと思われる。それは理解できる。というのも、大気現象は高所、バロック様式の丸天井に描かれるあの空、かつてはジュピターが鎮座し、イエスとマリアが鎮座した天の下で変化するように思われたからである。いつの時代も空は神的なものと結びついていた。雲は「神の玉座」だったのだ。しかし、そのような表象を豊かに育んでいたとはいえ、この啓蒙の世紀において、疑義が芽生え始める。雲が固体で出来ているのではないことや神的な存在にとっての安定した基礎にはならないことが、それまで以上に当たり前に感じられるようになったのである。

嵐、雷雨、雹――干魃も――にたいする加護を願う宗教儀式は二十世紀半ばまで続けられた。雷雨に関しては、何世紀ものあいだ、銅に記された鐘のご利益が広く普及した信仰となっていた。十九世紀末にはまだ、それを疑う人たちは面倒なことに巻き込まれるものだった。(8)

雷と雷雨

しかし、次の世紀に無知を減少させ、気象学を公式な科学の範疇に組み入れることになる前兆を見抜くことが必要だろう。その点でまず重要なのは、十八世紀後半の電気にたいする強い関心である。ベンジャミン・フランクリンによる一七五二年の避雷針の発明は、雷の恐怖を軽減し、その象徴的な価値を変更するきっかけとなった。周知のとおり、電気は社交的な集まりの際には気晴らしとなっていた。電気がもたらす不思議な現象は熱狂を引き起こした。電気を自在に操る学者たちのおかげで、空の恐ろしい一面が和らいだ。

空の無知の歴史において大きな断絶を生み出した避雷針の重要性に少し触れておこう。フランクリンの発明と先端の尖った器具によるその改良は各地に広まった。パリでは（フランスはその点では遅れていた）一七八二年にそれが設置された。「人類の歴史上初めて、人間は気象現象を変えるのに呪文や魔術以外の手段を手に入れたのだ」とミュリエル・コラールは書いている(9)。

学者たちの著作のそこかしこで、あらゆる大気現象やそれによって引き起こされる大惨事は、遥か彼方の場所にその起源があるという確信が芽生え始めた。アレクサンダー・フォン・フンボルトの初期の著作は、その点に関してすでに意義深いものだった。一七八四年のベルナルダン・ド・サン＝ピエール『自然研究』には、夜、雨の音を聞く喜び、雨がそこからやって来る遥か彼方を想像する喜び、タタールのステップに涼をもたらすのではないかと、雨のこの先の進路を思い描く喜びを語る有名な一節がある(10)。

すでに言及した気象学的「自己」は目を空に向けさせ、その予測のつかない動きを注意深く見守って理解する方向に導いた。この新しい関心、クロード・ライシュレールがきわめて繊細に分析したこの眼差しの変化は、十九世紀初頭における気象学の誕生を手助けした一つの態度を示している。

一部の学者が山で猛威を振るう雷雨から受けた衝撃に、それと同じ役割を割り当てることができるだろう。それはアルプス山塊の初登頂と同時期の体験だった。この強烈な体験は、空を理解したいという欲望を刺激したものの一つに数えられるべきだろう。新しさを感じさせる例として、七月のコル・デュ・ジェアン峠滞在を記述したベネディクト・ド・ソシュール『アルプス旅行』のドラマチックな一節を引用してみよう。

午前一時、南西の風が吹きつけ、あまりの激しさに私は一瞬ごとに私と私の息子が寝ていた石造りの山小屋が風に飛ばされるのではないかと思った。［…］静寂のあとで、例えようのない猛烈な突風が襲ってきた。大砲の発射に似た、立て続けの突風だった。私たちはマットレスの下で山自体が揺れるのを感じた。風は山小屋の石の継ぎ目から入り込んできて、私のシーツや毛布を二度も捲り上げ、私を爪先から頭まで凍てつかせた。［…］朝七時頃、風は雹や雷の嵐と一緒になって吹いてきた。雷は絶え間なく続き、そのうちの一つが私たちのすぐ近くに落ちて、火花がテントの濡れた帆布の上をバチバチと音を立てて流れるのがはっきりと聞こえた。［…］山小屋から外に出たガイドは危うく断崖に持っていかれそうになり、岩山にしがみつくしかなかった……。(11)

アヌーシュカ・ヴァザックが書いているように、雷雨は当時、黙示録的言説、悲劇の語彙、専門用語を混ぜ合わせた記述のなかで、とかく怪物や神の怒りの使者として提示されていたことを考えると、新しさが分かるだろう。

嵐をめぐる無知

海の嵐については本当の意味での進路図がまだなかったことは前に確認した。それはそのとおりだ。だが、内陸を襲った嵐に関しては、事情は異なっていた。そのもっとも確かな例は、地理学者ジャン＝ニコラ・ビュアシュ〔フィリップ・ビュアシュの甥〕が作成した、一七八八年の猛烈な雷雨のフランスおよびヨーロッパ北部における経路図である。この図表には風による内陸部の被害について作者が詳細な記述を添えている。風は「何もかも動かし、支配し、運び去って行った。風は渦を巻き、雲を蹴散らし、木々を撓《たわ》めた［…］。風は深い谷、高台、森、大きな川を飛び越えていった［…］。すべては土に埋もれ、粉々にされ、傷つけられ、根こぎにされた。屋根は剝がされ、窓ガラスは割れ、牛や羊も死んだり、傷を負ったりした」(12)。ビュアシュの詳細な図表のおかげで、アヌーシュカ・ヴァザックはこの気象学的な出来事と一七八九年の〈大恐怖〉の展開とのあいだに似たような道筋があることを示唆することができたのである。その当時、雷雨の記述はある種の科学的合理性と、同時に宗教的かつ美学的でもある魅惑のあいだで揺れ動いていたが、それら三つの要素は相入れないものではない。

この十八世紀末に、科学系学問の要請に従った気象学――用語はすでにアリストテレスによって大気の科学の意味で使われてはいたが――について語るのは行き過ぎだということはよく理解しておかなければならない。たしかにフュルティエールやトレヴーの辞典、『百科全書』は嵐を記述しているが、さらに踏み込んで現象を理性的に捉えようとはしていない。現象やその起源、経路、メカニズムがあまりよく分かっていなかったこと、とりわけ雲を科学的に読み解くことを可能にするような共通の語彙が不足していたこと、そうしたことは荒れ狂う嵐が掻き立てる恐怖とともに魅惑をさらに募らせた無知の世界の表れなのである。それが絵画や文学の作品制作を刺激したという事実から、判断を誤ってはならないし、感情の力が無知の減少を示していると考えてもいけない。事情はまったく反対なのだ。大旱魃や大寒波のメカニズムについても同様である。そうしたすべての領域において、十八世紀後半の——あるいは啓蒙時代の——西洋人は世界の仕組みをほとんど理解できていなかったのだ。

第十章　上空制覇の始まり

気球の登場

十八世紀末には、火山や電気と同様に、空中が流行だった。だが、雲よりも高いところに立って空を眺めた経験はほとんど共有されておらず、それは高い山に登ることができた数少ない旅行者だけの特権だった。それらの旅行者はときに――それは十七世紀以来のことだが――、雲を眼下に見下ろしたときに目の前に広がる光景がどのような感情を抱かせるのか説明していた。ジョン・イーヴリン〔イギリスの芸術愛好家〕は『日記』で一六四四年の体験を語りながら、見る者があたかも「人間のあらゆる言葉の上方にある、静謐で神聖な王国」に足を踏み入れるかのように記述している。それは当時の演劇がときに表そうと努めたものだった。

とはいえ、一七八〇年代の初めには、ほとんどすべての人間は空中旅行の際に地球に向けた眼差しが与えてくれる感覚や感情をまったく知らなかった。その点では無知は全面的だっただけでなく世界的に共有されていた。

革新――おそらくこの十八世紀末に、少なくとも地球の表象に関する領域において、もっとも重要な革新――となったのは、気球（エアロスタット）に乗った空中旅行の体験である。一部の人間――そこには非常に早い時期から計測機器を携えた学者も含まれる――は、人類が数千年前から知りたい、味わいたいと願っていたものを体験するに至ったのだ。大きな転換（イギリスの歴史家がいうターニング・ポイント）は一七八三年と一七八四年の二年ほどの間に位置づけられる。

モンゴルフィエ兄弟が「熱空気」を詰めた絹製の気球を空に浮かべ、ピラートル・ド・ロジェがダルランド侯爵とともに熱気球でラ・ミュエット城とビュット・オ・カイユの上空を飛行したのちのこと、一七八三年十二月、ロベール兄弟がチュイルリー公園から、鉄屑に硫酸をかけて作られた水素を詰めた気球で空に舞い上がった（口絵6参照）。これが少なくとも垂直方向への操縦による初飛行である。二十世紀における初の宇宙飛行に匹敵するこの出来事は、四〇万人、すなわちパリの人口の半分の人々の目の前で成し遂げられた。おそらくそれは史上最大の群衆だっただろう。

実験はすぐに何度も繰り返し行われた。ロベール兄弟の気球の考案者の一人であるジャック・シャルルは、二時間にわたる飛行で高度三千メートルまで達した。着地すると、彼はこう叫んだ。「地球の状況などどうでもいい！　今や私には空がある。何という平穏、何という見事な光景だろうか！」二度目の離陸の際、彼の友人たちはこう言った。「彼は自分が生きていると感じられたのだ。」

大英帝国では——勇気ある冒険家は大陸の人間ではあったが——熱狂した群衆が一七八四年にエジンバラ、ロンドン、ブリストル、オックスフォードで開かれた飛行実験を見物した。上空のスペクタクルは詩、歌謡、劇で讃えられ、一七八六年以降には小説でも讃えられた。田舎では、たとえば、ジャン＝バティスト・ブランシャールによる空中ショーの見学希望者を集めてパーティーが催された。ブランシャールはイギリス上空を何度も飛行し、一七八五年一月にはドーバー海峡を気球で横断している。その快挙によってルイ・ブレリオ〔フランスの先駆的飛行家〕と同等の賞賛に値するだろう。その後、世界中で耐久レースが行われるようになった。

だが、快挙は空中飛行に限られたものではなかった。一八〇二年九月、ロンドンで——英仏間で締結されたアミアン講和条約を幸いとして——アンドレ＝ジャック・ガルヌランが白いパラシュートを使用して気球から飛び降り、着地まで一〇分間の下降を行った。

「鳥瞰的」視覚の誕生

当時英雄的と考えられたそれらの快挙のすべては、十八世紀末には、空中飛行を新たな体験、未知なる感情の総体——それについては後述する——として定着させると同時に、科学的手段として、とりわけ巨大な集団的スペクタクルとして定着させた。それは何にもまして本書に関係することである。わずか数年間で、世界的に共有されていた無知は、高所から地球を眺め、昼夜問わず高い山に登り、わずかな時間で広い空間を移動する方法や知識を共有できた人々と、そうしたものをすべて奪われていた地上の大衆とのあいだで定着した、無知の階層化に変化した。この先でみるように、十九世紀はおそらく——繰り返し言われているように——鉄道の世紀だが、同時に「鳥瞰的」視覚の世紀でもあった。「鳥瞰的」視覚は、モンブラン登頂や一七八三年の気球飛行以来、人々の頭に取りつき、その動物的比喩はやがてヴィクトル・ユゴー『ノートル゠ダム・ド・パリ』のもっとも重要な章の一つでタイトルとして使われることになる。

まとめ——啓蒙時代末期における無知

自分のなかにあるすべての知識を沈黙させて、研究対象とする時代の人々に成り代わることは、彼らがどのように地球を考えていたのかを探ることにつながる。それはつまり、現代の展望台から、今日では誤りだと分かっている彼らの無知と——まさにそれによる——彼らの思い込みを精査することであり、同時に知識欲（libido sciendi）を満足させるための彼らの暗中模索を精査することである。

この第I部では啓蒙時代と呼ばれる世紀、『百科全書』の世紀の後半をおもに扱った。その時代の地球の表象について考えてみると、結局のところ無知は膨大であったことに気付かされる。たしかに、太陽の周囲を周る惑星である地球は極地が平らな球体で、したがって地球はリンゴよりもマンダリンオレンジを連想させるものであることや、地軸は黄道上で傾いていることはもう分かっていた。それに加えて、地球には歴史があり、その歴史はますます長いものと考えられるという確信もそこにはあった。

その時代には――そしてその後も長く――極地は到達不能で、広大な「空白地帯」は依然として探検家たちが埋めるべきものだった。観察不能であった地球の内部は大胆すぎる仮説の対象だったし、深海については言を俟たない。高山もわずかにその全容がわかり始めたところだった。空では、流れる雲の数々にはまだ名前が付けられていなかった。嵐や暴風雨は相変わらず局地的に観察・感知されるだけで、その移動経路は予測不能で、その起源も分かっていなかった。むろん、火山も地震も説明不能だった。学者たちはそれに関して古代人と同じようにほとんど何も知らなかった。地球の年齢――それでもやはり地球には歴史があるということは分かっていたから――は、一つあるいは複数の〈大洪水〉の存在がその背景でそれなりの意味をもっていただけに、なおさら多くの論争の的となっていた。氷河は完全に謎に包まれたままだった。地殻の地形学的理解は芽生えたばかりで、学者たちによる様々な観察や対立する仮説に左右されていた。

より重要なのはおそらく、無知の社会的階層化がまだ広がっていなかったことだろう。実際、学者エリートの層は薄かった。会員を抱えた学術機関やそこでの議論を広める著作物はごく一部の人間にしか関わりのないものだった。地域的な地平のなかに閉じ込められていたその時代の大衆は、かつてないほど強力に、部分的に神の影響力から解放された地球について、謎に満ちた恐ろしいイメージを思い描き続けた。たしかに、専門家、学者、技術者、教養ある旅行者、行政担当者らが手にしていた新しい知覚や観察の形態と、通常の日常的な知覚だけを頼りにし、完全な無知によってなおさら恐怖を感じていた一般大衆のそれとのあいだの亀裂は深まっていた。近隣と遠隔を分けることに慣れた旅行者と、地域的な環境の影響力に従属していた「土地の人々」との区別、体験を表現することができる言葉の差異、そうしたものがこの半世紀における無知の社会的分配に重要な作用を及ぼしたのだ。ただそれでも、不明確なことが多かった疑問に直面して、動揺や宿命の感情がくすぶることが大半だった。

われわれはそれをどのようにして知ることができるだろうか？　われわれは地球の年齢を正確に知っている。一日に何度も地球が画面に映し出されるのを目にし、同じ頻度で地球全体の天気予報を見て、ジェット気流に乗って旅行している。われわれは地震がプレート構造による災害であることを知っている。嵐、暴風雨、台風の予測や進路にも慣れ親しんでいる。一方で、エベレストはもはや廃棄物にまみれた観光地域の一つでしかない。海底旅行の魅力的なルポルタージュは日々、現実のものとは思えない、植物のなかに隠れた恐ろしくもあり不思議でもある海洋生物の光景をわれわれの目の前で繰り広げ、深海に到達した探検家が紹介される。

われわれにとっては、極地自体も少しずつ観光的なものになってきている。赤道アフリカが秘密の場所ではなくなったのは随分前のことだし、地質学者が一世紀以上前から存在する語彙を使って地殻の形成過程やその形態に影響を与える運動について説明するのもかなり前からのことだ。われわれは何と多くのことを知っているのだろうか。だが、その一方で無知の階層化は広がっているというのに！　啓蒙の世紀が終わる頃の人々の頭のなかに入り込んで、彼らが地球をどのように思い描いていたのか想像することはじつに難しい。だが同じ頃、感情や情動の大変革が起こったことも分かっている。より広い意味では感受性の大変革であり、それが学校でわれわれがロマン主義と呼んでいるものを構成することになる……。

第Ⅱ部　ゆっくりと減少した無知（一八〇〇―一八五〇年）

教養のある人間が無知と闘い、偏見を取り除き、迷信を打ち破ることを自らの目的とした啓蒙の世紀に別れを告げよう。地球知識に関しては、そうした目的がきわめて限定的だったことはこれまでにみてきたところだ。十九世紀初頭から西洋の歴史における大きな転換点となった例の一八六〇年代まで、無知はたしかにその点において減少したが、それでもわずかな程度のものだった。

一八五〇年頃に生きていた人々は地球について、第I部で取り上げた人々よりもはるかに多くを知っていたわけではなかった。シャトーブリアンが亡くなったとき〔一八四八年〕、彼は若い頃に思い描いていた地球の姿からおそらくそれほど隔たってはいなかっただろう。その頃に彼よりも前にこの世を去っていたバイロン、ゲーテ、スタンダール、ワーズワース〔ワーズワースの没年は実際には一八五〇年〕などの人たちについても同じことが言えるだろう。フローベール、ボードレール、あるいはヴィクトル・ユゴーのような、当時、青年期を終えようとしていた人たちについても同様で、名前は挙げないがこのあとで紹介する学者たちもそのリストに含まれる。

多くの領域で地球に関する無知は相変わらず全面的だった。まだ誰も「乾いた霧」の発生を説明できていなかったし、極地は、南極・北極の新たな航海にもかかわらず、いまだ――その後かなり経ってからも――完全に謎に包まれたままだった。赤道アフリカの「空白地帯」についても同様である。それらはいくつかの例にすぎない。火山、地震、深海についても以前と変わらずほとんど何も分かっていなかった。したがって、その頃に実際に理解が進んだ――たとえば、氷河形成に関してはそうである――か、部分的にでも理解された地球のいくつかの側面に重点を置くことにしよう。

私が念頭に置いているのは、いくつかの気象現象であり、地球やその化石の地質学的歴史に関する知識の深化である。無知の減少が当時もっとも明白だった領域、すなわち氷河形成に関する領域から始めることにしよう。

第一章　氷河についての理解（1）

「氷河期」という仮説

氷河を構成していた巨大な塊が移動することや、その側面の岩肌に鉋《かんな》で削られたような跡が見られること、渓谷に点在する迷子石が遠く離れた田舎にまで存在することは、どのように説明したらよいのだろうか？　すでに言及したちぐはぐで説得力に乏しい仮説は立てられてはいたものの、一般大衆はおろか、学者たちも、十八世紀末においてはただ啞然とするしかなかった。あったのは驚嘆、すなわち、自然に向けられる眼差しを変更するのに寄与したそうした説明不可能な驚異を知らしめ、その神秘を大いに楽しもうとする画家や旅行者たちの実践だけだった。

ところが、一八二〇年から一八四〇年の間に、無知は劇的に減少し、それが地球表面の時間性についての見方を一変させることとなった。一八二一年にイグナス・ヴェネツ〔スイスの氷河学者〕が、皮切りとして、氷河から離れたところに迷子石が存在するという事実が提起する謎の解明に一案を示した。ヴェネツによれば、氷河はその前方にあらゆる大きさの塊をモレーン〔氷河によって運ばれる堆積物〕の先頭部分が示す限界まで押し出したのだった。そのことからヴェネツは、氷河には前進期と後退期があったと考えるに至った。同じ頃、山地に住むジャン゠ピエール・ペローダン〔観察によって迷子石の起源を発見し、ヴェネツにそれを伝えた〕は氷のなかに閉じ込められた砂利が作り出す溝に気付いたが、それもまた氷河が引き起こした運動を示すものだった。

イグナス・ヴェネツの意見は聞き入れられなかった。彼の説は地球が徐々に冷却しているとする当時支配的だった確信に反するものだった。ところが、一八三〇年代末頃、スイスの若い学者ルイ・アガシーは、氷河が移動することとの証拠の数々を考慮して、その説をもっともであると考え、過去に氷河形成があったという仮説に賛同した。地質学的観察をとおして、過去のモレーンの存在が確かめられた。きわめて遠い過去に、氷河は現在よりもはるかに大きな拡張を経験していたのだ。

一八三七年七月二十四日にヌーシャテルで開催されたスイス自然科学協会の会議でルイ・アガシーは自説を披露した。だがその説は途方もないものに思われた。推論をさらに先に進めていたからだ。彼の考えはアルプスの氷河だけに適用されたのではなかった。彼は自らが典拠とする諸現象の超地域的な広がりを強調し、そこから「氷河期」は地球全体に関わるものだったと主張するに至ったのだ。化石に関する発見やそれについて当時立てられていた仮説と関連する主張である。実際、アガシーの学説によって、地球の寒冷化が「前世界」における動植物相の絶滅の原因であると考えることが可能になった。

アガシーによれば、古い氷河の痕跡は一つの世界の死を意味していた、とマルク＝アントワーヌ・ケゼールは書いている。[2] アガシーの説では、マンモスは「巨大な氷の塊がヨーロッパ、アジア、北アメリカの北部を完全に覆っていた時代に埋没した」。また、その頃、「アルプスの巨大な氷河形成」はリヨンまで広がっていた。[3]

反対意見は数多く、アレクサンダー・フォン・フンボルトという当代の碩学が発したものだけとっても、手厳しかった。しかしアガシーは諦めなかった。彼は氷河が伸展するメカニズムを詳らかにしようと努めた。周囲に協力者を集め、一八三八年夏の間にベルナー・オーバーランド〔スイスのベルン州にある高地〕の渓谷を探査し、さらに翌年にはセルヴァン周辺とツェルマットの氷河付近〔共にスイス南西部〕で探検を行った。アガシーはとりわけ、一八四〇年にウンターアール氷河の上にまさに屋外の研究所を設置した。彼の目的は氷の形成、構成、構造に関する一連の疑問や、とりわけ重力、膨張あるいは粘着性がもたらす氷河の移動様式に関する一連の疑問に答えることだった。アガシーはそのような問題の研究に六年を費やし、氷を五〇メートルほどの深さまで掘ったりもした。

その頃、地質学者のチャールズ・ライエルはすでにアガシーの立場に賛同していた。それは当然のことで、というのもルイ・アガシーは彼なりにライエルの「過去の変化は現在において観察可能な現象や過程によってのみ説明されるべきである」とする現行説的な考え方を適用していたからだ。[4]

無知の劇的な減少

ウンターアール氷河はすぐに有名になり、観光客がそこに押し寄せた。新聞、雑誌、書籍はことの経過を伝えた。どれもこれもアガシーの敵対者たちの信用を損なうものだった。学会の意見はアガシーに好意的となった。一八四〇年、アガシーは『氷河研究』を発表する。同書は氷河学の基礎を築き、第四紀に氷河形成が連続的に発生したとする学説を決定的なものとした。

それ以来、現在の氷河からときに遥か遠くにある迷子石、モレーン、岸壁の溝、氷河渓谷のU字形の形状など、すべてが説明された。多くの謎が解明されたのだ。他のいかなる領域でも、少なくとも学者や教養ある大衆において、無知の減少はこれほど劇的ではなかった。繰り返しになるが、氷河学の領域における発見は化石の研究に専心していた人たちに利益をもたらし、次章で検討するライエルの現行説にも合致するものだった。

アガシーやライエルの学説が大衆全般にどれほど浸透していたかを推し量るのは、それらの学説が地球表面の形成を司る唯一の〈大洪水〉という信仰に反するものであっただけに難しい。いずれにしても、氷河に関する無知の減少や氷河形成が連続して起こったとする学説の到来によって、同時代人の多くは風景に新たな眼差しを向けることとなった。

第二章　地質学の誕生

地球の解釈を変えた三つの条件

十八世紀末から一八六〇年代にかけての、地球の歴史、構造、形態に関する無知の減少や地球の表面を読み取る方法の刷新は、この時代が暗中模索の段階であったかぎりにおいて、きわめて複雑な歴史的対象の総体となっている。したがって、この時代の人々が何を知り、何を知らなかったのかを把握することは難しい。

その頃、三つの主要な条件が地球の地質学的解釈を変更することになったようだ。一つ目は長い間そのきっかけがはっきりしなかった論争に関係する。フランスではキュヴィエがそのもっとも熱心な支持者だった天変地異説と、数十年前から台頭し始めた現行説と結びつき、ライエルが一八三〇年にその理論家となった持続説とのあいだの論争だが、それについてはあとでみることにしよう。

二つ目の条件は古生物地層学の出現である。それが今日まで地質学の用語を左右してきた。三つ目の重要な事柄は地球内部の熱やとりわけ地殻の厚さについての議論と関連する。さらに——本書の目的からは外れるが——「空白地帯」、すなわち未踏の土地の広がりの意識化もあった。マルテ＝ブラン〔十九世紀デンマーク生まれの地理学者〕はそれに関する無知を声高に訴えていた(1)。

こうした条件の数々が地球に——あるいは当時、風景だと考えられていたものに——、地質学的な様相の多少なりとも明確な認識や場合によっては新しい雪氷学に属するものの理解によって情報を与えられた、新たな眼差しを向けさせることになった。要するに、その頃、十九世紀末に「自然地域」という言葉で開花することになるものが微かに現れ始めたのだ。こうして、もはやその歴史的、政治的過去にではなく、地理的な眼差しにもとづいた国土の各部分の新たな解読が浮上し、その眼差しがそれ以後、それら各部分を区別することとなったのである。

この眼差しの変更は、各地を地理的、民族的、経済的特質において発見しようと旅立ったエリートによって、きわめて曖昧なかたちで広められた。こうした傾向は社会の深層において、博学主義(2)と地方色の探求(3)にもとづいた新世代の学者団体が誕生したことによって可能になったものである。実際、そうした学者団体の会員たちにとって、地方性に属するあらゆる事柄の無知を打破することが問題だった。

天変地異説

重要だと考えられる最初に示した三つの条件に話を戻そう。すでに述べたことだが――だがそれはこれから先の裏づけとなるので、ここで思い出しておくのがよいだろう――十八世紀末の二五年間に地質学的時間が長期にわたることの確信――あるいは別の言い方をすれば地球の歴史の長さの伸長――は、大衆のすべてではないにせよ、学者の大多数によって受け入れられていた。大衆の心のなかには聖書の〈大洪水〉がいまだ根強く残っていた。「天変地異説《カタストロフィスム》」――イギリスのウィリアム・ヒューウェル〔科学哲学者〕によって造られ、一八三七年以降に定着した用語――は、地球の歴史は地球表面の全体に影響を及ぼす一連の大規模な変動によって説明できるとする人たちの学説を指していた。

キュヴィエの見解がそれで、彼は二十七歳だった一七九六年に現在の世界以前に別の世界が存在し、それは天変地異によって破壊されたと確信している。一八一二年に〔『四肢類の化石骨についての研究』の〕「緒言」でその考えを詳述し、それに続いて一八二五年には大著『地球表面の大変動についての学説』を出版した。キュヴィエは同書で、地球の歴史は一連の天変地異によって作られてきたもので、その天変地異はどれも生物の破壊を伴ったとしている。そうでなければ、シベリアにゾウ――実際はマンモス――の化石が存在することをどのように説明すればよいのだろうか？ 現在の生息環境とは一致しない気候のもとで暮らしていた動物たちのそのような痕跡が発見されて以来、こうした疑問は十八世紀の学者たちを掻き立てていた。ベルナルダン・ド・サン＝ピエールは見事な一節のなかで極地の氷河が溶けたことによる洪水の襲来を説明として提案している。それが動物たちを地球のある地域から別の地域へと運んだというのである。

キュヴィエは現在の地表に見知らぬ種の化石が存在することを根拠としていた。それは天変地異が次々と世界を壊滅させ、生物の消滅を招いたことの証明だった。そうした説明を可能にしていたのは現在の世界において作用している諸原因ではなかった。キュヴィエは次のように書いている。「活動の流れは途切れ、自然の歩みは変化したのだ。今日、自然が活用している要因のどれ一つとしてかつての所産を生み出すには十分ではないだろう。」キュヴィエによれば、化石は一見するとそう思えるような単なる地中の埋設物ではなく、失われた世界の証拠物なのだった。

地層から発掘される化石の多様性は、古生物地層学の基本原理を観察者の眼前で繰りひろげていた。消滅した生物との関連で地勢の年代を推定することによって、連続する地層の年代も推定することができた。地層は前世紀にはすでに発見されていたが、その歴史はそれまでは海洋堆積物や構造地質学的形態の連続をもとに推理されていた。

地質学は歴史科学だった。というのも、化石の地層体系を見れば地球の表面で連続的に起こった出来事を識別することができたからである。さらによいことに、それは地球のあらゆる地域に適用することが可能だった。そうした古生物地層学が導き出した語彙、すなわち消滅した種の化石が存在するか否かによる地層の相対的な年代推定にもとづいた語彙に国境はなかった。

斉一説や現行説の支持者から当時批判を受けていたキュヴィエに、フランスのエリー・ド・ボーモン、スイスのアガシー、イギリスのセジウィックのような一流の学者たちが続いたことは理解できる。さらに言えば、十八世紀にはすでにフォジャ・ド・サン＝フォン、ソシュール、ドロミューは地形の解読に激烈な出来事を介入させていた。かつて私が強調したことだが、海岸線の岸壁に見える地層は当時の学者たちに紛れもない情熱を植えつけた。地層は海辺の流行を構成する要素の一つだったのだ(4)。

現行説

だが天変地異説――繰り返すが、そのように呼ばれるようになったのは一八三七年以降のことだ――は学者たちの全員一致した考えではなかった。それに対抗して現れたのが現行説を主張する人たちで、そのうちのもっとも傑出した人物は一八三〇年と一八三三年に『地質学原理』を著したチャールズ・ライエルである。ライエルはこの学問分野の歴史において重要な役割を果たした。ライエルやその弟子たちによれば、現在は過去を解くカギである。地球の歴史のなかで今日もはや作用していないような原因が働いたことは一度もなかった。言い換えれば、地球の歴史は現在ある諸原因の観察において読み解くことができるのだ。現行説の支持者によれば、地球は彼らの時代にそうであった様相をそれまでもつねに有していたのである。生物の領域において、こうした地球の定常的な見方やそれが導き出す時間の観念は、ラマルクが当時主張していた進化論と一致していた。

とはいえ、天変地異説は今日でもまだ、隕石の直撃によって起こったと推測される恐竜の絶滅のように、地球の過去の数多くの場面で論拠となっている。しかし、ここで話題にしている時代における議論はそうしたことに関わるものではなかった。

とりわけ留意しておきたいのは、古生物地層学によって、地勢を目録化し、その年代を推定して、離れた場所にあるものを関連づけることが可能になったことである。それが近代地質学の基礎の一つとなった。(5) 近代地質学は、一八六三年以来、ジュール・ヴェルヌの『地底旅行』のよく知られた数ページで一般に普及し、二十世紀にはまだ教えられていた。地球の表面や深層に関する想像の形成において、その重要性をどれほど評価しても過大ではないだろう。

それと並行して、もう一つの議論――目新しいものではまったくなかったが――が学者たちのあいだで沸騰していた。とはいえ、その議論は大衆には縁遠いものだったにちがいない。地球は地殻のごく浅い部分で融解状態にある層に覆われているという仮説に、どれほどの有効性があるのかという議論である。重要な問題点だ。というのも、その仮説のとおりだとしたら、地震や火山噴火といった地球表面の運動を説明することが可能になり、硫黄のようなガスの発散に依拠した古い理論を忘れ去ることができるからである。

しかしながら、原初における地球の流動性についてはもはや異論の余地はなかった。それに関して、ラプラスはビュフォンの考えを立証している。地球が徐々に冷却されていったとする仮説についても同様だ。地殻表面の地体構造的変動はその冷却に原因があると考えることができた。例えば、アンペール〔フランスの物理学者、数学者〕や優れた地質学者であるエリー・ド・ボーモンは、造山活動——山岳の形成——や地震、火山、さらには一部の岩石の変成は地層が地球の中心に向かって冷却化されることにその原因があるとしている。当時の学者たちの大部分は、地球の現在の様相についての中心的な説明をなしているのは地球内部の熱であると考えていた。

十九世紀の前半に、地球とその歴史の各時代、その表面的な変動についての解釈が洗練されたことがお分かりいただけただろう。そうした領域のすべてにおいて無知の明らかな減少があったと結論づけることができるかもしれない。しかし、それぞれの論争や確固たる意見は大衆に広く行き渡り、無知の階層化を作り出したのだろうか？　きわめて難解なそれらの問題に関して、大衆化は乏しく、それが無知の社会的減少を限定的なものにしていたにちがいない。のちに書かれた『ブヴァールとペキュシェ』の第三章はもっとも情報に通じたものの一つだ。それでもフローベールは登場人物たちの知識欲と同時に、地球科学という難しい分野における彼らの知識の乏しさをほのめかしている。(6)

十九世紀前半のとりわけ著名な旅行者たちが行った旅行に関しては、彼らの旅行記を読むと、風景を目の前にして感じた熱情や文学的・芸術的知識によってもたらされた感情が、踏破した地域の地層、地質、造山運動についての指摘を上回っていることが確認できる。要するに、彼らは諸科学によって情報を与えられた眼差しをほとんどもっておらず、それは十九世紀末でも同様で、二十世紀の中頃まで同じだった。

第三章　火山と「乾いた霧」の謎

「乾いた霧」の襲来

一八一五年末から一八一八年六月初旬にかけて、地球は、中央および西ヨーロッパ、さらにはアメリカに住む人々にとって、本書が取り上げてきた時代をとおしてかつてないほど恐ろしいものに思えた。そしてその恐怖は、空と地球の並外れた変調の原因について完全に無知だったがゆえに増幅された。

恐ろしい現象の証言は枚挙に暇がない。それらは空を見る眼差しの確かさには異論の余地のないルーク・ハワード〔イギリスの気象学者〕のような最高級の学者によって観察・分析された[1]。各地で「乾いた霧」が地球をくすんだ色をした物質で覆い、日光は正午でも月明かりが宵闇を照らすほどにしか届かなかった。季節毎の気温にも変調がみられ、雷雨は驚くべき激しさだった。豪雨が大規模な洪水を引き起こした。ジュネーヴからアムステルダムのライン川沿いで、いくつかの村全体や都市のいくつかの地区が水浸しになり、多くの橋が破壊された。一八一六年十一月六日、正午にチェスター〔イングランド北西部〕ではろうそくとランタンが灯された。同じ月の数日には空の暗さはロンドンで著しく、昼のさなかでも御者は馬に寄り添い導いて歩かなければならないほどだったとルーク・ハワードは記している。

大量の農作物が破壊され、西洋諸国でみられた最後の大飢饉は無数の死者を出した。チフスのような疫病がそれに続き、惨禍はいや増した。

世界の終末や〈最後の審判〉が近づいているという信念が広がった。〈黙示録〉が実現するかと思われた。ボローニャでは、ある天文学者が日光の消滅によって地球上の生命体は絶滅すると予言した。[2] 一八一七年七月十七日、パリの街路では世界の終末を詳細に記した小冊子が売られた。おきまりのように、神のご加護に訴えようと行列が行われた。

どの学者も災禍を説明できなかったし、できると主張することもなかった。しかし、すでにみたように、一七八三年にアイスランドで起こったラキ火山の噴火はこれ以前に「乾いた霧」の襲来を引き起こしており、ほぼ唯一人、ベンジャミン・フランクリンは現象がそれに由来すると考えていたが、彼の意見はほとんど聞き入れられなかった。

一八一五年から一八一八年にかけて、地球が恐ろしい様相を呈していることの原因はさらに謎めいた状態にとどまっていた。そしてそれはその後も長く、少なくとも一九一三年にウィリアム・ジャクソン・ハンフリーズ〔アメリカの物理学者、大気研究者〕が大惨事の原因を示したときまで続いた。ハンフリーズの仮説はほとんど反響を呼ばなかった。一九六〇年代に私は、一八一六年に関する資料のなかに歴史家が単に危機として考えていたものを認めたが、その危機の原因は知らなかった。つまり、それだけ無知は長く続いていたのだ。

十九世紀末の人々は――この先でみるように――クラカタウ火山〔インドネシア〕の噴火〔一八八三年〕の大きさに衝撃を受けたが、一八一五年から一八一八年に人々を恐怖に陥れたタンボラ山の噴火は知らなかった。

影響と認識のずれ

今日、タンボラ山噴火の大きさは強調されるところで、歴史家はそれに照らして一八一五年、一八一六年、そしてとりわけ一八一七年の間に発生した変調の歴史を読み返さなければならない。だが、さらに広がりのある推察も立てられている。例えばヴォルフガング・ベーリンガーはタンボラ山が引き起こした危機は、説明不可能と考えられていた現象の解明を期待して、気象学研究を助長することにつながったという――異論はあるものの――仮説を唱えている[3]。彼によれば、タンボラ山がインフラストラクチャーにもたらした影響――当時はそのように認識されていなかったが――は多くの大規模工事を促した。一八一五年から一八一七年の大危機に際しての不安定な生活は、社会政策や反貧困の誕生につながり、飢餓の再来を防ぐことを目的とした慈善制度の確立を助長したというのである。ヴォルフガング・ベーリンガーはタンボラ山噴火が民間信仰に作用し、迷信を掻き立て、反ユダヤ主義の再来を助長し、さらにはヨーロッパの再編を招いたとまで考えるに至っている。

たしかに、それらはどれも過剰に思えるかもしれない。だが当時の芸術家たちにその危機が与えた影響については、そうだとはいえない。[4]「乾いた霧」はその当時ターナー《カルタゴ帝国の衰退》、一八一七年）（口絵8参照）やカスパー・ダーヴィト・フリードリヒ《雲海の上の旅人》、一八一八年）（口絵7参照）、あるいはコンスタブルが描いたいくつかの絵画のなかに明らかに存在する。[5]メアリー・シェリーが一八一七年に有名な小説『フランケンシュタイン』を書いたのは、タンボラ山が引き起こした猛烈な雷雨と世界を襲った暗闇を体験したのちのことだった。それゆえにアヌーシュカ・ヴァザックはこの小説を気象学的と形容するのである。極地に関連して再びその小説に目を向けることになるだろう。バイロン、パーシー・ビッシュ・シェリー、コールリッジは上述した説明不可能な現象について詩を書いている。「そして不安な気持ちで狂気の沙汰と暗い空を眺めた／空は世界の屍の上に棺を覆う黒布のように広がっている」とバイロンは一八一六年作の『暗闇』と題された詩篇で書いている。

無知の根源、すなわち世界の激変は当時説明不可能だったという事実に話を戻そう。まず当時、火山学――言葉としてはまだ造られていなかったが――の進歩には、ヴェスヴィオ火山の流行やフレグレイ平野およびヘルクラネウム遺跡〔ヴェスヴィオ噴火により埋没した町〕の観光が根強く残っていたことによって、ブレーキがかけられていたことを理解しておかなければならない。一八〇七年のスタール夫人の小説『コリーヌ』はヴェスヴィオ火山がそのように特別な存在であったことを例証している。一方、アレクサンダー・フォン・フンボルトの著作は、火山の描写を愛好する人々の注意をアンデス山脈の火山、とくにコトパクシ山や、テネリフェ島〔カナリア諸島〕の鋭峰（火山）に集約させていた。

ともあれ、当時大衆は火山現象に魅了されていた。十八世紀末の流行はその頃まで続いていたのである。ロンドンでは遊園地で、専門家が花火の技術を応用して見せかけの火山噴火を作り出していた。劇場がパリではとくにそうした流行に寄与していた。

タンボラ山の数少ない証言はたしかに災害について報告しているが、それらは行政的な領域や船舶関連にとどまっており、噴火の体験談を少なくとも一般に普及させることができたかもしれない新聞雑誌において反響はみられなかった。要するに、ギレン・ダーシー・ウッドが指摘するように、「覚書や小話」のかたち以外ではタンボラ山噴火はけっして語られることはなかったのだ。そうした数少ない体験談のうち、ダーシー・ウッドはマカッサルの北方に位置する海域を航行していた東インド会社のベナレス号の船長J・T・ロスのそれを引用している[6]。船長は地域の状況を次のように記述している。四月十一日、「灰がにわか雨のように降り始めた。〔…〕周辺は完全な闇に包まれた。〔…〕その後も日中、暗闇は経験したことがないほどの深さだった」。日光が戻ると、「帆柱、帆装、甲板、その他すべてが空から落ちてきた物質で覆われていた」。

加えて、仮に体験談がより豊富にあったとしても、西洋社会がその当時タンボラ山を数々の恐るべき混乱の原因だと認識したかどうかは定かではない。今日、われわれはその噴火が千年来起こったおそらくもっとも強力なものであったことを知っている。また、噴火が低緯度で起こったことも。そのことは、噴火がラキ山の噴火のように極地に遥かに近い地点で起こった場合と比較して、地球全体により深刻な影響をもたらしたことを説明している。

地球全体への影響

本章では意図的にインドネシアのタンボラ山噴火を中心的に取り上げてきた。本書の目的を考えると、問題なのは何よりもまず無知を強調すること、言い換えれば、数多くの現象を目撃しながらそれを何も説明することができなかった人たちの立場に立つことだった。そうした立場を離れて、災害に関する現在の知識や、西洋を襲った災いの、目撃者たちが分析できなかったその世界的な影響力について語ることにしよう。人間の歴史をとくにアジアで変化させた出来事の顛末に目を向けてみよう。

タンボラ山噴火は数日しか続かなかった。(7) 噴火は人間社会を混乱に陥らせた。一八一五年四月五日夜、三時間にわたって轟音とともに空にいくつもの煙が立ちのぼった。煙に続いて、黒灰色の雲、地響き、地震が発生した。その後数日、タンボラ山は唸りを続け、空から火山灰が降ってきた。四月十日にはサンガル半島のすべての村が地図上から消えた。その日、頂上から三つの火柱が立ちのぼり、火球が転がり落ちて、熱帯の森林を燃え上がらせた。沸き立つ溶岩流が斜面を流れ落ちた。夜、大量の火山灰と熱い雨とともに軽石が雹のように降ってきて、あらゆる生物を全滅させた。タンボラ山の周辺は火山灰と蒸気による雲で覆われ、津波が一帯の沿岸を飲み込んだ。それから数日は日光が届かなかった。犠牲者の総数はその地域で一〇万人と推定される。最終的に火山は崩落した。

六百キロにわたる範囲で暗闇が二日間続いた。その地域では飢餓がすぐに全面的に広がった。水は火山灰で汚染されていた。疫病がすぐに蔓延した。子供を殺す親もいた。生存者は遠くの島に逃げた。一週間にわたって東南アジア全域は火山が吐き出した残骸物で覆われた。バリ島では多くの親が子供を売ってわずかばかりの米を得ようとした。

火山灰は成層圏にとどまったままだった。それがその後数ヶ月、地球規模で分子の膜を形成する雲を生み出すに至ったのだ。煙霧質の薄膜が一八一八年まで地球を包み込んだ。

しかし、繰り返すが、空や大気や地球において、百年間に、またおそらく千年間に起こった最大の混乱の原因を西洋では当時誰も理解できなかった。この先で、極地の氷もまたタンボラ山噴火の影響を被って、そのことから噴火が一時期、北極探検に拍車をかけたことが分かるだろう。

第四章　深海と知られざるものの恐怖

高まる深海への興味

深海の研究に話を戻すとすれば、それはほぼ完全なる無知について新たな章を続けることを意味する。その点ではジャン＝ルネ・ヴァネーの見事な一冊〔『深海の謎』〕は本書の目的を先取りしているともいえる。というのも、その本は無知であることをたえず公言し、無知の歴史を展開しているからである。他の領域に関してこれまでみてきたように、一八五〇年に生きていた人々は十八世紀末の先人たちと同様に深海についてほとんど知るところがなかった。前の章〔第I部第五章〕で紹介したように、深海に関する神話、伝説、夢は、深海を定義づける図式とともに長いあいだ記憶や想像のなかに定着していた。それらは十九世紀初頭、現代人の心的世界の外側に位置づけられる、ジャン＝ルネ・ヴァネーのいう「知られざるものの恐怖」をかつてないほど抱かせた。その後、一八五〇年代以降、「もう一つの地球」が最初の海底ケーブル敷設とともに始まった。

とはいえ、無知の減少がほんのわずかであったとしても、時代を二つに分けることが必要だろう。最初は一八〇〇年から一八三〇年にかけての時期で、それは周知のとおりロマン主義の影響力が最高潮に達した時期と重なっている。同時に博物学者、植物学者、作家でもあった芸術家は、深海が掻き立てる不安を伝えることでそれにたいする好奇心を世論に芽生えさせた。(1) ゲーテ、シェリング、ノヴァーリスなど当時のドイツ詩人の世代は、深海にそれまでなかった観念、イメージ、感情の潮流をもたらした。そのことをよく理解するために、ロマン主義が「自己の内奥の知識に導く神秘の道筋を示した」ことを思い起こそう。精神の奥底と深淵のあいだに近親性が生まれ、それが、幻想的「下降可能性」、ガストン・バシュラールの言葉を借りれば「垂直的感受性」の促進に作用した。そうしたことからジャン＝ルネ・ヴァネーは「深海の奥義と心の奥義の探索は同じ運動から生じた」(2) と結論づけている。しかし、深海に関しては、探索は成功にはほど遠かった。

実際、一八三〇年から一八五〇年の間のこの分野における貢献はごくわずかで、科学的とはとても言いがたいものだった。その頃、船乗りたちはしきりに海底測量を行った。大抵の場合、沈められたケーブルは短すぎた。とはいえ、そうした作業はかつてもそうだったようにますます深い部分に関わることとなった。ロシアの船舶は太平洋で千メートルの深さを測量し、次いで北極探検家のジェイムズ・クラーク・ロスが二千メートルまで、エドワード・サビーン〔アイルランド生まれのイギリスの探検家〕が二七〇〇メートルまで測量した。とりわけウィリアム・スコアズビー〔イギリスの探検家〕はノルウェーの北緯七六度、東経四度五分の地点で水深四千メートルを検出した。つまり、深海は測量の度に深くなっていくように思えたのであり、学者たちもそれに遅れをとらなかった。ジャン＝フランソワ・ドービュイソン・ド・ヴォワザン〔フランスの地質学者〕は三六〇〇メートルの深さに海底が存在するとしている。

同時に、航海士のなかには「深海ピンセット」と呼ばれる道具を使って海底の破片を集めようとした者もいた。鉄製の小箱に顎のような可動部が二つ取りつけられた道具で、固定ピンで開放状態に置かれた可動部が海底に達すると重みで閉じて、土砂を採取し持ち上げる仕組みだ。ジェイムズ・クラーク・ロスは一八一〇年にバフィン湾の海底で同様の調査を行い、二千メートルの海底から「軟泥」と「泥漿」を採取した。そのような調査でヒトデが引き上げられることもあった。

しかし船乗りたちは測量するだけは飽き足らず、温度計を使って深海の水温を調べようとした。スコアズビー、パリーその他はそのために、例えばノルウェー海の凍った海の下で、瓶を使って様々な深さの海水を採取した。そうした測定は結論として深海は融解状態にはないということを示した。高温を発生させていなかったからである。

キュヴィエに賛同した天変地異説の支持者とライエルの考えに共鳴した現行説の支持者とのあいだの論争のことはすでに紹介したが、その対立は深海に関してもみることができる。天変地異説の支持者によれば、海底は度重なる激変の舞台となってきた。現行説の支持者は、海底は平穏で、過去の海底が現在の海底と異なったものであったことは一度もなく、その機能はもっぱら堆積にあると考えた。

一八三〇年に一つの時代、「科学的かつ知的な意味で深海に脚光、価値、重要性が与えられた(3)」時代は終わったとジャン＝ルネ・ヴァネーは述べている。しかしそのことは無知の顕著な減少を意味するものではない。

生命なき深海

一八三〇年から一八五〇年の間に状況は変化した。そのことをよく理解するためには、すでに言及したエドガー・ポーによって植えつけられたイメージを参照することが必要だ。『異常な物語集』のなかの短編『メイルストロム』〔ノルウェー沖の大渦巻の名。クラーケンが生み出すとされた〕、次いでアーサー・ゴードン・ピムとその仲間たちの難船の物語は、海の底にすさまじい勢いで渦に巻かれて落ちていく光景を脳裏に焼きつけ、その光景は海水が人の命を容赦なく奪うものだと痛感させた。そうしたことは、深海は表層世界の死滅した状態にすぎないとする当時支配的だった観念と符合していた。

しかしながら、測量はなくなるどころか、その反対だった。「深浅測量」はその技術を高めようとした。ロス海溝と呼ばれるところで、糸に吊した錘が七千メートルの深さに達した。当時は海底やより全般的に海中の知識を本当の意味で得ることはできなかったので、深さの記録が追求され、そのことは「馬鹿げた深浅測量」と呼ばれるものに向かわせた。例えばサミュエル・ホートン〔アイルランドの聖職者、科学作家〕は、海は一万七七〇〇メートルの深さに達すると予想した。[4]

この時代に新しい探究が姿を現した。海流とその経路、深部におけるその循環に関する探究である。一方でエドワード・フォーブス〔イギリスの博物学者〕は海中五五〇メートル以下では水圧が高すぎて生物は存在しないと断言した。世論の大半は同じ意見で、深海が生命なき状態にあるというイメージは常識的なものだと思われた。そのことは無知を正当化するか、あるいは少なくとも無知をあまり残念だとは思わせないようにするばかりだった。

同じ時期に、教養人のあいだでは、失われた都市、水没した大聖堂、摩訶不思議な海底といったかつての伝説にたいする信仰は薄れる傾向にあった。一方で大洪水説は少しずつ忘れられていった。しかしそのような無知の減少、あるいは進行しつつあった想像の変化は、この十九世紀中頃においては無知の広がりに根底的な打撃を与えたわけではなかった。人類は相変わらずあえて深海を探訪しようとはしなかった。その手段がなかったのだ。深海は、再度ジャン＝ルネ・ヴァネーの言葉を借りれば、「知識の砂漠のなかでもっとも不毛な[5]」領域のままだった。深海は謎が掻き立てる恐怖を抱かせ続けていたのである。

第五章　雲の解読とビューフォート風力階級

雲学の誕生

十九世紀初頭、わずかな期間のうちに、雲の組成やその形成過程についての理解、雲形を表す定まった用語の学習、降雨メカニズムの説明によって多くの人々において無知は低下したが、それはまさに軽飛行機で飛行した先駆者たちが空中の新たな知識を体験していたときのことだった。

一人の男が単独でそうした空の解読変化のもととなり、その変化によってバロック時代に神の玉座であった天上は忘れ去られた。その男とは、少年時代に牧場で何時間も雲を眺めて過ごしたクエーカー教徒のルーク・ハワードである。その時代の多くの人々と同様に、このアマチュア気象学者は一七八八年、自宅に小さな気象観測所を設置し、一七八九年には前年にプロテスタントの分派が作ったアスケジアン学会に加入した。その頃、学者たちは「暗い」「明るい」「雨の多い」「滝のような」

がで きなかった[1]。

「雨氷が張った」「雪の多い」といった言葉を使用する以外に、空や空が告げる天候を説明すること

一八〇二年のある晩、ルーク・ハワードはアスケジアン学会で雲学の誕生を印す講演を行った。聴衆は熱狂と喝采によってそれを受け止め、賛同の声がわき上がった。翌日には気象学が話題に上った。ハワードは世界を理解する新たな方法を提示したのだ。教養人のあいだでは、無知の側面の一つが薄れた。実際、ルーク・ハワードの貢献は雲が形成される仕組みとその持続に同時に関わるものだった。とりわけハワードは雲形に関する用語法を提示したが、それは多少の違いは別として、今日でもわれわれが使っているものである。本当のところは、彼の一人舞台というわけではなかった。ラマルクは別の用語法を提案していたが、雲の形成の説明（ニュビフィケーション）をおろそかにしていたため、それは採用されなかった。

ルーク・ハワードの用語法は、基本となる三つの形態とそれを補完する他の混合的な形態に雲を分類した。ハワードはすべての国の教養人が理解できるようにラテン語の使用を選択したが、多くの人はその当時ラテン語をあまり知らなかった。視認可能な上空において彼が分類したのは、次のとおりである。①その形状が繊維や髪の毛の網の目を思わせる巻雲、②地面の近くを流れるような積雲あるいは白または黒の塊、③空を覆うような層状の層雲。以上の三つに付け加えられる混合的形態が、④層積雲——十九世紀中頃からストラトキュムラスと呼ばれていた——、⑤黒色で降雨を告げる雨雲、の二つである。結果として、その用語法は、高度、外気温、「地面放射熱の急上昇[2]」

にもとづいていた。ハワードが分類した雲は、水分の上昇と落下のあいだの諸段階を表すものだった。

その用語法に従って、それまで常識だと思われていたことが否定された。雲形の数はそれまで説明されていたように無数にあるわけではなかった。その数はそれとは反対に一定だった。大気を理解するこうした新しい方法の重要性は、天気予報への関心の外側で気象学を容易に広く行き渡らせた。ルーク・ハワードは雲の形成と降雨について次のように説明している。雲は「蒸気のかたちで上昇した水と氷の分子に過ぎず」、それが「大気のもっとも冷たい層に近づくと凝固し」、そして雨や雹、雪に変わるのである。ハワードによれば、要するに「雲は、対流あるいはその原因が何であれ上昇気流の影響によって、大気が凝固点に達したときに発生する」のだ。

ハワードによれば、雲の理解に重要なもう一つの事実があった。雲は形状を変化させ——それはよく知られていたことだが——、互いに溶け合い、そうすることで種類が変化する凝塊である。「蒸気が生み出した形は分離し、対流の影響で上昇して重力の影響で落下する。[3]」こうして雲の流動性が考慮に入れられた。それを名付けることは、「一連の消滅現象」を名付けることにほかならなかった。

ルーク・ハワードの科学的説明が成功したことや無知の塊の一つが突如として崩壊したことに、一部の画家や詩人は関心を抱き、夢中になった。それに関しては二つの例が繰り返し引き合いに出される。その一人はコンスタブルで、ルーク・ハワードの用語法が示す雲の形態を熱心に描いた。

一八二一年から一八二二年にかけてコンスタブルが取り組んだ《空の習作》を見ると、画家がハワードに挿絵を提供しているかのように思えるほどだ（口絵9参照）。シャトーブリアンもそれに魅了された一人だが、特筆すべきはゲーテだ。一八二〇年四月二十八日の日記の一部を読むと、詩人がルーク・ハワードの影響を受けていると同時に、その成果を完全に理解していたことが見て取れる。

最初は、積雲がその性質に合わせて空の中間あたりを漂っているのが見える。その数が増えて、上部はギザギザに、真ん中はふくらみ、下部は直線になると、大気の層に乗せられたかのように列をなして流れていく。だが積雲は上昇すると上空の大気に絡め取られて分離され、巻雲のあるところに運ばれる。積雲が下降すると重くなり灰色が増してあまり日光を通さなくなる。積雲は横長の水平な雲の上にとどまって、下方に達すると層雲に変化する。空の西側半分でそうした現象がじつに様々なかたちで発生するのを私たちは目撃し、仕舞いには雲の重たい内層が重力に耐えきれず雨となって地面をたたきつけるのだった。(4)

比類なく詳細なこの一文はきわめて繊細な分析であり、十九世紀初めに雲に向けられる眼差しがどのようなものに変化したかを明らかにしている。ハワードの用語が雲の天上的あるいは幻想的な見方に取って代わったのである。

天気予測への希薄な関心

十九世紀初頭から中頃における天候の知識とそれに関する無知の減少については、ルーク・ハワードの用語法による雲の解釈の歴史がおそらくその重要な部分を占めている。ただし、慎重でもあるべきで、空に向ける眼差しが変化した個人の数を過大に見積もってはならない。今日でもまだ——私の周辺でも確認したことだが——多くの人が巻雲と積雲を区別することができないのだ。さらに、ルーク・ハワードの用語法を知っていようといまいと、多くの大詩人は相変わらず以前と同じように、概して怪物的な動物群、幻想的な建築物あるいは非現実的な風景を空に読み取っていた。テオフィル・ゴーチエの小説『モーパン嬢』の長い一節や、若きヴィクトル・ユゴーの詩集『秋の葉』の数篇がそれをよくものがたっている。つまり個人の心のなかで雲は単に科学的分析の対象ではないということだ。それについてはこのあとでまた触れるが、雲は主体やその気分の如何次第で作り出されるのである。雲がそれ自体、外的で客観的な現実であるかのように存在していると考えるのは誤りであろう。

それ以外では、十九世紀前半に空で起こる出来事に関する無知を打破するような大きな変化はほとんどみられなかった。当時の気象学者は天候観察を顧みない傾向にあった。それについてファビアン・ロシェは研究の結論で、天気予測についての道徳的、科学的タブーが一般に存在していたことを示唆し、それが十九世紀前半に重くのしかかっていたのではないかとしている(5)。そのような懸念は、ベネディクト・ド・ソシュールによれば、学者よりも正確に天気を予測することができた個人、船乗り、船頭、耕作人らの知識にとっては払拭されていた。また、本能でこれから起こる気象変化が分かる動物たちの行動観察もあった。それ以外では、天体・気象に関する暦書の作者たちが予測を担い続けていたが、彼らの言うことに寄せ集めや科学的に根拠のないことしか見出せなかった学者たちは、彼らを手厳しく非難した。

予測に関する以上のような事情は意外だと思えるかもしれない。というのも、十九世紀前半には数多くの厄介な気象現象が起こっているからである。小氷期が終わる手前のこの時期の熱波や酷寒、猛烈な暴風雨、とくに一八三九年一月六日、七日の暴風雨や一八五四年十一月十四日の暴風雨がそうだ。一八一五年から一八一八年にかけてはタンボラ山の噴火で「乾いた霧」が発生し、一八三七年にも同様のことが起こっている。

それでも、以前ほどの威光には恵まれず、一八四〇年以降、その数は減少傾向にあったと思われる気象愛好家が、各地域の気圧、気温、湿度、風力、風向を記録し続けていた。彼らは多くの場合、教養ある、あるいはそう自称していた中産階層、すなわち、医者、法曹、聖職者たちで、その多くは地方の学者団体と繫がりをもっていた。より広範には、ベルギーのアドルフ・ケトレー〔数学者、統計学者〕が一八四二年に観察者の持続的ネットワークを確立することに成功した。また航海士たちはこの時代をとおして気象に関する記録を取り続けた。

十九世紀前半における空中に関する無知の減少のことを早く知りたいと思っている読者は、軽飛行機飛行が、空に昇る手段はもたらしたものの、科学的にはあまり貢献していないことにがっかりするかもしれない。

ゲー＝リュサック〔フランスの化学者、物理学者〕の飛行がもたらした貢献は例外である。一八〇四年、この気体の専門家は飛行高度の新記録を樹立したが、様々なレベルで大気を採取し、大気の構成は不変であると主張した。

風力尺度の創設

だがこの五〇年間における無知の減少の乏しさを誇張しすぎることも慎まなければならない。乏しさがあまり顕著ではない二つの分野がある。一つは風の強さを測定する尺度の創設である。風についてはほとんど何も分かっていなかった。実際、風やその起源、構成要素にまつわる謎はとりわけ歯痒いものだった。例えば、しばしば木々に語りかけ、ドイツ・ロマン派のエオリアン・ハープともいえる、枝を揺らす風の音に耳を傾けたと書いているヴィクトル・ユゴーは、生涯にわたって風をめぐる謎にはとくに悩まされたと語っている。

「風のあの鋭い音はなぜいつも同じなのか？　あの軋むような音はなぜいつも同じなのか？　厚い雲のなかで絶え間なく同じことを何度も叫んで何になるのだろうか？」「風は何を語るのか？　誰に語りかけているのか？　相手は誰なのか？　どんな耳にささやいているのか？」ヴィクトル・ユゴーによれば、風とその途方もない力は〈天地創造〉の〈未知なるもの〉を特権的に開示する「深淵の呼吸と呼びかけ」なのである。人間のそれに関する無知は苦しみなのだ。[6]

十九世紀初頭、風はたしかに謎のままだった。風に関してハワードのような人物はまだ存在しなかった。風を測定する語彙はきわめて乏しく、不正確だった。とくには風の段階的変化を示すことができず、「微風」「大風」「強風」「暴風」などと言われるのがせいぜいのところで、そのため暴風や、ましてやその前兆の説明はかなり不正確なものだった。日中の局地的な大気の気温差によって、陸地と海のあいだ、谷間と丘陵の斜面のあいだで発生する局地的な微風を説明するのがせいぜいのところだった。実際、十八世紀中頃にイギリスのジョージ・ハーディー〔気象学者〕が主張して以来、大気の塊は気温差に応じて移動するということは認められていた。ただ、各地の住民はとくに特徴的なその地方の風のことはよく知っていた。

一八〇六年一月十三日、ルーク・ハワードが雲の用語法を提示した四年後、プリマスに停泊中だったフランシス・ボーフォート（ビューフォート）艦長は航海日誌に、風の分類[7]、というか数字で表した風力階級を、帆船軍艦に与える指示を付して提示した。至軽風、軽風、和風、強風、大強風、暴風といった風の呼称のそれぞれは、速度を望みどおりに調節したり、難破を避けたりするために船員たちがなすべきことに対応していた。

一八二九年、この風力階級が海軍の大部分で採用され、一八三八年には海軍本部がイギリス海軍でその使用を義務づけた。それと並行して、他の風力階級も一八五三年にブリュッセルで開かれた第一回国際気象会議まで使用された。

十九世紀前半に大気現象に関する無知をわずかばかり減少させたもう一つの事実は、各地に広がる観察者のネットワークによる力学的な空中地図作成の計画である。気象力学の創設に先立つ将来有望な試みだ。一八四四年、ブリュッセル天文台の所長ケトレーはネットワークを利用して大気現象の進行を把握し、それを地図に表すという望みを掲げた[8]。

そうしたことはまったく取るに足らないことだった。十九世紀前半における空に関する無知の減少を探し求めるとすれば、本当の意味で考慮に値するのは、どちらもすぐに科学者たちに採用されたルーク・ハワードの用語法とビューフォート風力階級だけである。だが、そのような状況は、クリミア戦争の展開を大きく左右した激しい暴風雨の衝撃を受けて、一八五四年と一八五五年以降には変化することになる。

次はこの時代に気球飛行の体験が果たした貢献について考えてみることにしよう。空の発見がもたらした感覚、感情、印象に関して押さえておかなければならない重要な点は何だろうか？　無知の減少に関わる重要な問題だ。イギリス、フランスの気球乗組員による数多くの報告をみると、いくつかの主要な点が浮かび上がってくる。まず目につくのは恐れの不在である。人類の歴史においてイカロスの飛翔は、その物語、伝説、神話が失敗によって終わるだけに、恐ろしいものであったのにたいして、気球旅行は恐怖も不安も与えなかった。この時代の飛行船に関して二つ目の重要な点は、高度について記録や成果を追求しなかったことである。地球を眺め、雲を通過することが最優先だったのだ。十九世紀末までは、呼吸、血液循環、眠気などの身体的障害は高度五千メートルを超えると苦しく、生命に関わるということが強調されていた。四つの著しい感覚が空中飛行において強調された。離陸の驚きが過ぎた後の孤独感、光の独特な性質、地表では知ることのない――とくに夜の――静寂に包まれた不動性、そして独特な性質の寒さである。(9)

第六章　謎が解けない極地

北極探検の悲劇

十八世紀末から、ジョン・フランクリンがその一二年前に死亡していたことを示す便りが発見された一八五九年までの間、極地に関する無知はどれもこれもほとんど減少することがなかった。それでも、きわめて多くの探検が行われていたのであり、探検のほとんどはむなしい結果に終わったが、人々が神話的地域に向けた関心は高かった。極地はバイロン、メアリー・シェリー、コールリッジ、エドガー・ポーといった作家たちの想像を掻き立てた。画家たちもそれに後れを取らなかった。カスパー・ダーヴィト・フリードリヒの絵画に描かれる、北極の氷塊が砕け散る目覚ましい場面を思い浮かべるがよい。

極地は多くの謎の源だった。海が北極を浸しているのかどうかも、また、クック船長はその存在を否定したが、南方大陸があるかどうかもよく分かっていなかった。

北極と南極のそれぞれを順にみていくことにしよう。どちらも当時は知られざる世界だった。ナポレオン戦争の終結を受けて、多くのイギリス海兵は暇をもてあましていた。その頃、タンボラ山噴火のせいで、北極地帯の気温は比較的高かった。一八一六年と一八一七年には氷が異例の速さで溶けた。そうしたことからイギリス人は、北西航路発見の希望を抱きながら再び北極探検に乗り出した。折悪しく、北極地帯では温暖化はすぐに治まった。

それら探検家の先駆者は捕鯨船の船長ウィリアム・スコアズビーである。彼は一八一七年、当時の支配的な見解とは反対に、北極の海がどのように凍るのかを説明した。同時に、比較的温暖だったことが分かっているその年、北極の海表面には広い範囲で氷が張っていなかったと知らせている。一八一九年、ジョン・フランクリンは航路を探し求めて初の北極遠征に旅立ち、一八二二年までに北極周辺八千キロを移動した。一八二五年にエレバス号で、一八四五年にはテラー号で再度出発したが、その二年後に行方不明となった。

その間にジョン・ロスはイザベラ号とアレクサンダー号で北西航路の探索に乗り出したが、失敗に終わった。ロスの副官を務めたウィリアム・エドワード・パリーが、こうした遠征のまとめ役だったジョン・バローから一八一九年に要請を受けて、ヘクラ号とグリッパー号で出発するも、これもまた成果は芳しくなかった。フランクリンに話を戻そう。一八四五年の新たな遠征は十九世紀最大の悲劇の一つに終わった。氷で足止めされ、一八四七年六月十一日、彼は最初の死者の一人となった。続いて残りのクルーも船を捨て、氷上に出て行くことを余儀なくされた。全員が死亡した。[1] 極限状態において、彼らは仲間の遺体を食べるほかなかった。

フランクリンの失踪、生存者を探して何年にもわたって必死で行われた捜索、一八五〇年五月の最初の冬季営舎の発見、次いで、遭難者たちと出会ったというイヌイットの一八五四年の証言、さらにその後、一八五九年の最後の便りの発見は、イギリスほか各地の大衆を夢中にさせた。ロンドンの中心部には現代の英雄の彫像が建てられた。アメリカ大統領やロシア皇帝はこの絶え間ない捜索をとおしてフランクリン夫人を援助していた。[2] フランクリンの死は新しい時代を開いた。十九世紀末まで、北西航路への関心は途絶えた。

無知はそのままだったので、多かれ少なかれ悲劇的だった遠征は作家たちの想像を掻き立てた。フランケンシュタイン博士と彼が作り出した怪物の死に終わるメアリー・シェリーの小説の結末は北極圏内で展開し、その恐怖と壮麗さを描いている。そのとき中心人物は「理想主義の北極探検家」ウォルトンとなり、彼は結局自らの夢を諦める。

その頃、「世界中の多くの人たちが陰鬱で概して悪夢のような旅行記を貪り読んだ。北極探検、次いで南極探検を描いた苦いゴシック風のロマンスは英国ヴィクトリア朝時代の文化的シンボルとなった」とギレン・ダーシー・ウッドは書いている。さらに、未知だった極地は恐ろしさと驚異的なものが入り交じる「不滅の壮麗さ」[3] のなかで知覚されていたのであり、それは一九一二年のロバート・スコットの悲劇的な死に至るまで続いた、ともしている。

本書の目的を考えると、極地、とくに北極は本書が示そうとしていることの強力なシンボルとなっている。当時の人々にとって、地球の表象はそのどちらも無知から生まれた神秘的なものと恐ろしいものの結合によって成り立っていたのである。

南極大陸の目撃

だが、同じ時期の南極大陸と南極についてはどうだったのだろうか？　十九世紀前半におけるその歴史は、それに関する無知がほとんど減少していないことから、精彩を欠いていたことが分かる。この場所と時代においては、捕鯨船員の役割が重要だということが明らかになっていた。長い間、航海士たちに情報を与えてきたのは捕鯨船員だったのだ。だとすると捕鯨船員のほうが航海士たちよりも南極大陸と南極についてよく知っていたと考えられる。一八二〇年、ロシアの探検家ファビアン・ゴットリープ・フォン・ベリングスハウゼンはロシア皇帝アレクサンドル一世によりヴォストーク号とミルヌイ号とともに南極海に派遣された。二月、南緯六九度二五分に到達し、クックがその実在を否定していた大陸を最初に目撃した。さらに後、一八三一年には、ジョン・ビスコー〔イギリスの探検家〕がエンダービーランド、アデレード島、グレアムランドを発見し、その八年後、ジョン・バレニー〔イギリスの捕鯨船長〕が自身の名前が付けられる諸島を発見した。

一八三八年、次いで一八四〇年には、イギリス、フランス、アメリカの三国が南極地方で遠征を開始した。航海士たちはそれぞれ、それまでほとんど垣間見られることのなかった氷の大地である大陸沿岸の領域を周航した。フランスのジュール・デュモン・デュルヴィルとアメリカのウィルクスはほぼ同時に出発した。アストロラーベ号とゼレ号で旅立ったデュモン・デュルヴィルは、ラ・ペルーズ伯（一七八五年にルイ十六世によって派遣された）による遠征の遺物を発見後、一八四〇年一月、ある小島に足を踏み入れ、その場所を特定した。大陸の一部と考えられるその小島を彼は妻の名にちなんでアデリーランドと名付けた。一方、チャールズ・ウィルクスはのちに自身の名前が付けられる地域〔ウィルクスランド〕を発見した。

それらの遠征の成果はこのようにわずかなものでしかなかった。その存在自体が争点となっていた広大な南極大陸は、目撃されただけで、本当の意味で発見されたのは沿岸のわずかな部分だけだった。想像の領域における南極の豊かさはたしかに北極の豊かさには及ばなかった。しかし西洋の生徒たちはみな、コールリッジの『老水夫の歌』と南極付近の恐ろしい悪魔、粘りつくような海を覚えているだろう。多くの後続を生んだのは、すでに言及したエドガー・ポーの小説『アーサー・ゴードン・ピムの冒険』の結末である。それが描く、白く、そして荒々しい南極の海は主人公をメイルストロムのなかに引き入れる。主人公がようやくそこから脱出するのはずっと後の、南極の伝説がはるかにこだまするジュール・ヴェルヌの小説『氷のスフィンクス』〔ポーの小説の続篇として書かれた〕のなかでのこととなる。

まとめ　一八六〇年代初頭における無知

このように、ゲーテ、ジェリコー、スタンダール、シャトーブリアン、バルザックがすでにこの世を去っていた一八六〇年代初めには、地球はまだ恐ろしい謎に満ちていた。高度な見識をもつ者は、かろうじて地球の歴史やその地質学的形成を漠然と理解し始めていたが、深海や地底については完全に知らなかったし、地震も火山も説明することができなかった。雲を区別し名付けることはできたが、大気の循環のメカニズムは理解できなかった。極地は地球に点在する「空白地帯」のもっとも魅惑的なものだった。要するに、地球に関することのすべてにおいて、この時代の文学・芸術の偉人たちは、われわれからすると、無学だったとは言えないにしても、きわめて学識に乏しかったようにみえるということをよく理解しておかなければならないのだ。西洋の大衆については、このあとでも触れるが、まだ個人的な読書の実践に微かに接しただけだった。今日の歴史家は、多くの誤解や無理解によって、ほとんどのケースで共有されていたこうした無知を、完全に忘却するわけではないにせよ、疎かにするおそれがある。

　とはいえ、誇張は慎まなければならないが、第Ⅱ部で取り上げた最後の時代は、それ以前の時代と比べて無知の減少によって際立っている。二つの産業革命や、移動速度の加速による空間の縮小、情報のほぼ瞬時的な伝達可能性、時間単位の統一を経験した世界においても、一九〇〇年には、地球は多くの領域で謎に包まれたままだった。それでも、識字教育の進展と連動した知識の伸展は、無知の社会的階層化を広げるには十分だった。

　本書の目的の道筋を断ち切らないようにするためにも、わずかな深さではあっても深海を綿密に調査しようという決定が下されたのちの、それに関する相対的な無知の減少にまず目を向けることにしよう。ジュール・ヴェルヌが思い描いたノーチラス号の波乱に富んだ物語は、誰もが記憶しているところだ。『海底二万里』は海面下のことを知りたいという欲望をそれなりの仕方で表している。

第Ⅲ部　地球と無知の減少（一八六〇―一九〇〇年）

第一章　深海調査

海底ケーブルの急増

他のいかなる領域においても、無知――当初は完全なる無知だった――がこれほどの速さで減少した例はなかった。一八五〇年には完全に謎だった深海は、十九世紀末にはその神秘の多くを失っていた。

深海は大西洋横断ケーブルの敷設に伴って調査され始めた。調査のためにはまず測量機や浚渫機を考案、製作し、休みなく働く巻き上げ機とボビンを作る必要があった。それに伴って「巻き上げ機運転者」[1]のような新しい職業も誕生した。一八六〇年代に始まったケーブルの急増は世紀末まで続いた。一八九〇年に二〇万キロメートルが、その一五年後には三五万キロメートルが沈設された。

もちろん、そうした多大な努力は電化に関係していた。アメリカのモールスは一八三二年、その第一号が一八四四年にワシントンとボルチモアを結ぶこととなる電信機を考案し、その後、彼の名を冠した符号を考案した。そのことは情報伝達のスピードを一変させた。彼の方法とケーブルの敷設によって、八〇秒以内に情報を地球一周させることができるようになったのである。そのことは好奇心の歴史を根本的に変化させ、以後、好奇心には時間的限界がなくなった。

深海でのこうした行動の進展を詳しくみてみよう。すべては巨大な蛇のような鋼鉄線を作ることから始まった。鋼鉄線はイギリスとアメリカの双方で進められた両国間の接続を確立するためのものだった。こうして四一〇〇キロメートルのケーブルが敷設された。あらゆる形式の豊富な文献がその準備とヨーロッパ側でイギリス海軍が行った敷設について詳しく伝えている。最終的に一八五八年八月五日と六日の間に接続が実現した。その日、イギリスのヴィクトリア女王はケーブルによってアメリカ大統領ブキャナンと交信することができた。

この出来事は大きな反響を呼び、詩や賛歌で大いに称えられたが、すぐに苦い失望がそれに続いた。九月五日、接続は途絶え、深海は再び沈黙を取り戻した。錆や浅瀬の岩で擦れた傷が深海の神秘を復活させたのだ。準備不足だと考えられた。新たな技術、新たな工事、さらには新たな観察が必要だった。

それは六年間続いた。一度に七千トンのケーブルを運び、それを敷設する五百人を乗せることが可能な巨大船グレート・イースタン号に期待が託された。一八六四年七月二十七日、最初の試みが不首尾に終わったのち、再度接続に成功した。深海を横断するルートが開かれたのだ。地球の時空間は狭まった。こうして地球上の思考伝達は一八六五年以後、一変したのである。

この成功は本書の疑問、すなわち、ほぼ瞬時に人々を結ぶこの接続が深海に関する無知を減少させたのか、という疑問に答えるものではない。実際、それは別の話だ。事業が必要とした浅瀬の観察によってまず確認できたのは、ライエルが正しく、キュヴィエが間違っていたということだった。海の底は平穏だったのだ。たしかに浅瀬には亀裂があり、あちこちに火山が点々としていたが、急峻な崖はなかった。この数十年間に実施された一連の調査によって水深を測定することができた。一八五三年、アメリカ船ドルフィン号のクルーはアイルランドとニューファンドランドのあいだに、全長三千キロメートル、水深三、四千メートルの「海底電信台地」〔電信ケーブルの設置に好都合な平坦な海底〕の存在を明らかにした。太平洋ではブルック大尉が水深四九四〇メートルの海溝の存在を証明した[2]。また一八七四年にはタスカロラ号のクルーが日本の沖合〔千島カムチャツカ海溝の中央部〕で水深八五一四メートルの海淵を発見している。

それと並行して、専門知識の普及者たちのおかげで大衆はメキシコ湾流のような海流を思い描くことができた。ルイ・フィギエ〔通俗科学の著述家〕はメキシコ湾流について、多方面の主題を手掛けた学者マシュー・フォンテーン・モーリーの言葉を借りて、海の只中を流れる青く生暖かい水の壮大な河川のように説明している。「その流れはアマゾン川よりも速く、ミシシッピ川よりも激烈で、それら二つの川の水量はその流れが運ぶ水量の千分の一にも満たない[3]」と彼は書いている。

海底生物の発見

おそらく知識のもっとも大きな変動は海の生物に関するものだった。巨大で怪物的なタコを描いたヴィクトル・ユゴーやジュール・ヴェルヌは、一八六六年と一八七〇年に読者を震え上がらせた。彼らは恐るべき呪われた海底という古くからある図式を強固にしたのだ(4)。また、新しい機器によって、未知の種が構成する深海の動物相が明らかにされた。それらの種が古代の遺物なのか、失われた世界の生きた記録なのか、あるいはまた、深海に特有の生物なのかはあまりよく分かっていなかった。いずれにしても、海底生物の存在は以後、深海の大きな謎となった。

それらの生物が海溝の奥深くで生息することができるのかという別の問題もあった。一八六九年七月、トムソン〔イギリスの海洋学者、チャレンジャー号世界周航探検の隊長〕が水深四五〇〇メートルにいた生物を引き上げ、答えをもたらした。要するに、それに関しては謎に驚きが続いたのだった。しかし深海の物質や生物はそれでもなお謎に満ちていた。

さらにまた深海が奇妙にも冷感的であるということもあった。そのことは古くさい火成論を奈落の底に突き落とした。とくに、そのような薄気味の悪い場所で生命が誕生したということが果たしてあり得るのかという目まいのするような疑問が持ち上がったが、それは神の創造に疑問の目を向けることと同じだった。

一八六九年七月以来、深海浚渫を大いに改良した、まさに海に浮かぶ実験室といえる三本マストの機帆船チャレンジャー号のおかげで知識は鮮明になった。海底の動物世界は拡大、多様化、深化した。「あらゆる種類の無脊椎動物、さらには大型の魚類が海底に存在する」[5]ことが確かとなった。また、様々な種が深度に応じて散在していることが確認された。つまるところ、深海の驚嘆すべき住人たちの発見は、本書の目的を考えると地上の大型動物との出会いよりも重要だと私には思える。地上の大型動物は古代から知られており、定期的に陳列されていた。対照的に、深海生物の発見は地球上の動物に関する無知を減少させた。

一八八八年来、モナコ公アルベール一世〔海洋学者としても知られる〕は深海生物を集めた初のコレクションを展示した。それに先立つ一八八四年にはパリで展覧会が催され、その際には深海を手中に収めたことが称えられた。したがって一八九〇年頃には深海は人々の関心を引きつけてはいたのだが、当時の専門知識の普及者たちは著作のなかで深海にはあまり触れていなかった。世論は千年来の無知が崩壊したことの真価を、本当の意味で知ることはできなかったようだ。

海底の崩壊というイメージ

しかしその頃、学者エドアルト・ジュース〔オーストリアの地質学者〕が生まれたての深海科学から引き出した、きわめて重要な心的図式が衆目の一致するところとなった。「下方に向かう海水、滑落する海底」、「下降という落とし穴」に陥った「落下する生物の一群」は、地球が垂直的な破局を被り、人類は海底における諸大陸の段階的で確実に起こる荒廃に立ち会っているのだと思わせた。(6)要するに、十九世紀末、エドアルト・ジュースは地表の不可避的な崩壊が明白に進行していると思わせたのだ。「世紀末」のペシミズムとも一致する——スペンサーを考えてみるがよい——そのような観点からすると、この頃になって探索され、認識された深海は、人類に「世界の終末を先取りする体験」(7)を見せつけているようなものだった。

一方で深海科学は地震や津波の新たな説明をもたらした。地震や津波は海底の定期的な崩壊の結果として現れるようになった。繰り返すが、そのことによって地殻下で猛威を振るう炎の存在に依拠した説明は無効となった。

ジャン゠ルネ・ヴァネーが強調しているように、本書に関わる時代の終わりには、深海は上から下まで調査され——人間自身による調査はまだだったが——、回廊は分類整理され、多くの生物が識別された。要するに、深海は本来の世界として見なされるようになったのだ。しかし無知の明白な減少は限定的だった。世論がこうした知識の大変革を意識したとは思えない。おそらく世論は人間が海底のまさに内部に潜入することを待望していただろう。ジュール・ヴェルヌの二つの小説がヒットしたことはそのことを示している。一冊目の『月世界へ行く』（一八六九年）では円窓の付いた奇妙な潜水装置が登場する。そのなかに三人の識者が乗り込んで、月世界旅行から戻って海に沈んだ「火球」を探しに深海に潜るのだ。成功著しい二冊目はもちろん、ネモ船長とノーチラス号の大旅行が語られる『海底二万里』である。人間が深海に到達し、そこで移動することを可能にするこれら想像上の乗り物は、どちらも潜水服を備えており、それによって海中で身体を自由に動かすことができるのだった。

第二章　大気力学の確立

知の対象となった大気

エリゼ・ルクリュ〔フランスの地理学者〕は一八六八年に出版した『地球の歴史』で多くの大気地図を導入し、大気に多くのページを費やしている。そのことは大気が地球の相貌の一部分となったことを証明している。事実、深海に関することと同様に、大気に関する無知は十九世紀後半に大きく減少した。だが逆説的に、その同じ時代はかつてなく恐ろしい嵐の描写で満ち溢れていた。ミシュレは『海』と題された書物のなかで三章にわたって嵐の惨劇について書いている。ヴィクトル・ユゴーは自身の小説のなかで凄まじい嵐の描写を繰り返した。『笑う男』の最初の数章では、海や空の恐ろしい襲来がおそらく過去に例のないほど詳細に語られている。そのようなテーマを小説『九十三年』ですでに取り扱っていたユゴーは『海の労働者』で再びそれについて長々と記述した。ジュール・ヴェルヌは『驚異の旅』叢書で度重なる嵐をしきりに描いている。誰もが記憶しているように、ヴェルヌの小説の始まりは往々にして嵐の一つで、難破がそれに続くのだ。(1) また、後期の『チャンセラー号の筏』では身の毛もよだつ漂流が荒れ狂う海とともに描かれている。イギリスの作家についても同様のことがいえる。ジョゼフ・コンラッドは嵐のテーマを繰り返し、嵐を『颱風』(一九〇三年)の主人公にしている。

難破は相変わらず典型的な事故だったと言わなければならない。大洋を横断する大型客船の出現でその後、航海に付き物の恐怖は緩和されることとなったが、タイタニック号の惨事がそれに続いた。(2) 海岸沿いでも海は恐ろしい様相を保っていた。エミール・ゾラは小説『生きる歓び』の第一章でノルマンディー沿岸の小集落が恐ろしい高潮に見舞われた災禍のことを語っている。一八五四年十一月十四日、パリ天文台所長の名前をとってルヴェリエと呼ばれる暴風雨が巻き起こった。暴風雨はフランス海軍の至宝アンリ四世号を含む英仏艦隊の約三〇艘を破壊した。災害はフランス全土に激しい動揺を与えた。一八五五年二月十五日、今度はセミラント号〔フランス海軍のフリゲート艦〕が難破した。乗船者六九三人に生存者はいなかった。クリミア戦争の海難事故を受けてナポレオン三世は気象学研究の促進を決意した。

実際、その領域に関する進歩はまず、とくに沿岸で起こる暴風雨の襲来を予知することによって海洋交通を改善したいという願望によってもたらされた。忘れてはならないのは、研究は、初期には視覚によるものだった通信網の配備によって、そして、すでにみたように、大洋横断ケーブルの設置によって容易になっていたということである。それによって――時空間の管理においては重要なことだが――空の状態をリアルタイムで追うことができたのだ。

気圧と風を地図に示す

最初の目的は、やがて決定的だったことが明らかとなるのだが、気圧と風を地図で表すことだった。フランスでは海軍がそれを担当し、次いでルヴェリエが率いるパリ天文台によって決定的な研究が行われた。

気象通信網はパリ天文台が創設したもので、一八五六年六月から規則的に機能した。それ以前の象徴的な日は一八五五年二月十九日である。その日、ルヴェリエは当日観測した気象データの報告をフランス全土に示したのだ。そのことは多くの気象愛好家に強い感慨を与えた。

その頃、気象通信網は様々な要素から成り立っていた。ルヴェリエと天文台の専門家たちは沿岸の一四の港で採取された記録を利用していた。すでにみたように、愛好家の大きなネットワークが一八四五年以来作られていたが、それは一八五五年と一八五六年の決定的な二年間にさらに充実した。愛好家の私有地、大型船内の研究所、気球の内部、空中など、多くの場所でデータが採取された。合計すると無数の記録が行われていたのだ。

さらに一八六七年には――大臣のフォルトゥールはそれ以前に通達で命じていたが、正しく実行されていなかった――ルヴェリエはデュリュイ〔公教育〕大臣にたいして、各県のすべての師範学校に小観測所の設置と上級生による日々の記録づけを義務づけるよう求めていた。生徒たちが学校に配属されると、彼らは師範学校で行っていた実践を教え、普及させることができたのだ。こうした多方面の尽力のおかげもあって、パリ天文台はデータを七巻の『気象図』にまとめて出版した(3)。

空をリアルタイムで地図に表すことは、予測という肝要な点の下準備となる最初の一歩に過ぎなかった。それに関して、ルヴェリエが「予報」という言葉をけっして使うことなく、多くの場合、「警告」という言葉を使っていたことに留意しよう。予測を実効的なものにするためには、気団の移動についての科学を作り上げ、大気波を同定し、地図に表すことが必要だったのだ。

アメリカでは一八四八年以来――フランスでは一八五九年から――熱帯地方でよく起こる「回転する暴風雨」を指すサイクロンが話題となっていた。パリ気象台でエダム・イポリット・マリエ＝ダヴィ〔気象学に多大な貢献をもたらした科学者〕が専心していたのは大気波の研究だった。彼は気圧や風の地図について研究することによって、当初「サイクロノイド」と名付けた「ほぼサイクロン」といえる大気の状態が存在することに気付いたのだ。彼はその地図を作成し、それを「突風《ブーラスク》」と呼んだ。

以後、マリエ＝ダヴィはその「突風」の起源と行程について研究した。彼によれば、「突風」はそう思われていたように最終段階でヨーロッパ沿岸に影響を及ぼす弱体化したサイクロンではなかった。マリエ＝ダヴィは地図を検討して、「突風」を作り出す運動がニューファンドランド、アイスランド、そして副次的にアゾレス諸島の沖合で発生しているのに気付いた。「低気圧」の概念はすでに誕生していた。一八六六年四月、マリエ＝ダヴィは研究成果を『天気予測の観点から考察された大気と海の運動』と題された集大成のなかで発表した。

その三年前、イギリスのフランシス・ゴルトン〔統計学者、気象図を考案した〕は「高気圧」の概念を紹介していた。その後、大気循環の分析は進み、大気力学が生まれた。一八八〇年代には、気団や大気循環の概念は気象学で普通に使われるようになっていた。

本書の目的からすると、主要な問題は社会集団におけるそのような知識の普及を測定することである。この一八五〇年代末と次の六〇年代に、フランスの都市住民が学者から発せられた気象予測に強い関心を持っていたという事実は重要だ。一八五八年からは『ラ・パトリ』紙が、一八七六年からは『プチ・ジュルナル』紙が、毎晩、気象予報図を発表していた[4]。

そのことが民間の気象予測の形態を無効にしたか、あるいは少なくとも限定的なものにしたと思うかもしれないが、まったくそうではなかった。もちろん――マリエ＝ダヴィも認めているように――大気現象の記憶や体感にもとづいた予測の地域的形態が存続したのは当然のことである。だがそれとは別のかたちの、科学的予測にたいする抵抗が、少なくともフランスでは有効であることが明らかになる。

そのことは本書が行おうとしている無知の測定をとりわけ実現困難なものにしている。一般人に紹介される科学の進歩は、それを知った者によってときに激しく異議を申し立てられることがある。ここでは、予測の――体感に属するのではない――別の形態が、科学的であると自称しながら、それは科学的ではなかった。おもにフランスで暦書によって普及したマチュー・ド・ラ・ドローム〔フランスの政治家、天候予測で知られる〕の考えは大衆の強い支持を得た。その考えは月が天候に大きな影響を及ぼすという確信にもとづくものだった。大衆知識の主要な媒体であった暦書や本の行商の使用は、マチュー・ド・ラ・ドロームの考えが成功を収めたのに大いに寄与した。

一八六三年、彼の暦書はセーヌ県だけで二万部以上発行された。翌年、部数は合計で一〇万部を数えた。ヒットは一八六五年のマチュー・ド・ラ・ドロームの死後も続いた。公式科学の敵対者の名声は、ルヴェリエと暦書作者のあいだに対立を生み出しさえした。こうした逸話は天気予測に関する無知の複雑な社会的配分について考えさせる(5)。

ともかく、日々、数多くの気象図を目にし、そこにサイクロンや低気圧の動きを読み取り、高気圧の位置を確認することができる今日のわれわれは、この時代の学者に多くのものを負っている。

太陽嵐

別の種類の嵐も学者たちの関心事だった。一八五九年八月二十八日、アメリカの東部沿岸は、北極地帯で鑑賞される北極光《オーロラ》と呼ばれるものに似た光に長時間照らされた。だがカリブ諸島でも見ることができたその現象は、まったく説明することができなかった。

八月一日、当時、太陽を観察していた天文学者キャリントンは異常な大きさのシミがその天体にあることに気付いた。十一時十八分、その巨大なシミから発せられる強力な閃光を認めた。それは一七時間後に地球に到達する太陽嵐だった。その光の襲来は北半球全体を照らした。さらに、それは非常に激しく、オゾン層の五％——今日そのように推定されている——を破壊し、硝酸塩を大量に降り注がせるものであることが明らかとなった。この「オーロラ」は電流を伴い、電流は電信網のような当時存在した回路に影響を与えた。太陽嵐は一連の中継基地で火災を引き起こし、多くの電信技手が強烈な感電の犠牲となった。

このような太陽嵐とその影響は、地球にのしかかる宇宙の脅威に関する無知を大いに減少させた。西暦二〇〇〇年以来、学者や当局は、それ以後「キャリントン・イベント」と名付けられたそれと同じような太陽嵐が起こる可能性をかつてないほど懸念している。

第三章　空中旅行、対流圏と成層圏

イベントとしての空中旅行

空中旅行が十八世紀末以来、もっとも魅力的な公衆的な催しの一つであったこと、軽飛行機の操縦者が新奇な感情を味わったと語っていることはすでにみた。ゲー＝リュサックのようなそのうちの少数は、一八〇四年から当時恐ろしいと考えられていた高度に到達して、空の科学知識のもととなる気温や気圧の変化を測定していた。

十九世紀後半、とくに一八六〇年代末、空中旅行はとりわけフランスでは人々を魅了し続けた。数時間も続くものもあれば、単なる「空中小旅行」と呼ばれたより短時間のものもあった。しかしその頃は上下の垂直操作だけが実現可能で、水平的な操作の手段はまったくなかった。気球は風まかせで飛んでいた(1)。

それでも、そのような旅行に慣れていたカミーユ・フラマリオン〔フランスの天文学者、一般向けの多くの著書で知られる〕が言うには、科学的意図が地球の表面を眺めたいというだけの快楽を徐々に上回り始めた。大気やその広がり、厚みを研究することはフラマリオンにとっては重要なことだった。それがカミーユ・フラマリオンの計画と、ジュール・ヴェルヌの小説『気球に乗って五週間』の旅行者たちの計画を分ける点である。旅行者たちの目的は、地球の表面、その形態や植生、そこに住む土着の人々、飛び回る動物たち、そしてなによりもその表面に散在する都市を上空から探査することだった。

傑出した専門知識の普及者であるフラマリオンの方は、静かな移動、「地上にはまったくない奇妙な絶対的静寂」、驚くほどの「不動の感覚」、速度に起因する不快感の不在、加速や減速による目まいの感覚が一切ないことなど、空中飛行のあいだに体験した特有の印象や感情を伝えている。一八三四年にヴィクトル・ユゴーが詳述した強力な感覚を生み出す鉄道移動と比較して、空中旅行は平静の未知なる形態である「心地よい平穏」をもたらしていた(2)。

だが空中旅行は、人々や科学者自身もそこに囚われていた無知を減少させただろうか？　それは疑わしいといえるだろう。まず、空中旅行は都市のイベントという産業に属するものだった。たしかに飛行士のなかには有料で見物人を乗せて行く提案をする者もいて、客には上空から見る地上の景色は平らな地表の景色と同じようなものだと告げていた。また、世紀末には田舎や小都市の住民向けの初歩的な大道芸的興行もあった。セリーヌは『なしくずしの死』の多くのページでそれを見事に描いている。登場人物の馬鹿げた叙事詩であるこの作品については、この先でまたみることにしよう。というのは、同書にはクルシアル・デ・ペレールという科学知識の普及者の典型が登場するからである。この人物は毎週、古ぼけたおんぼろの気球に乗り込んで、田舎者の前で短い空中飛行を披露するのだ。

大気上層部の観測

だが本書の目的に戻ろう。疑いの余地なく、一八六〇年代末から空中飛行はとくにフランスでは新たな科学的目的、大気の空間を描く目的を掲げた。しかしそれはゆっくりとしか進行しなかった。逆さまの深さにおいて空中を知り、理解したいと思ったとき、人類が古来そこに囚われていた無知を決定的な事実が減少させたのはその約三〇年後のことだった。その事実とは大気の、より正確に言えばきわめて高層の大気の上層部が明らかにされたことである。長年にわたって雲や大気循環の専門家だった気象学者レオン・ティスラン・ド・ボールは一八九二年に——個人で——気象力学研究所を開設した。研究所は当初、雲の高度や移動速度を記した雲の地図書の作成を目的としていた。(3)

それゆえティスラン・ド・ボールは、本書に関わる時代の終末である一八九八年、計測器を高いところに常時維持することができる「無人観測気球」の開発を企て、数年間にわたりそのような気球を使って上層の大気の研究に打ち込んだ。気球の一つは高度二万メートルに達した。

一九〇二年——それは本書の観点からすると決定的な出来事だが——レオン・ティスラン・ド・

ボールは科学アカデミーで研究結果を発表した。彼は高度八千から一万二千メートルまでは気温や気圧は規則的に低下すると断言したが、それ以上になると気温は安定し、あるいはごくわずかに上昇した。ティスラン・ド・ボールはそこで新たな語彙を導入し、高層の大気あるいは「成層圏」の等温の層によって隔てられた低い大気を「対流圏」と名付けた。本書の目的を考えれば、その重要性を強調するべくもないだろう。

第四章　火山調査と地震学の確立

世界の火山への関心

十九世紀後半、火山は他のどんな山よりも人々を魅了し続けた。火山は「究極の風景[1]」だったのだ。想定された地球内部との関係は火山を、驚異的であり、また、他の高峰と異なり、接近することが比較的容易だったこともあって、より身近な場所にしていた。このような魅力はまた、火山を地球でもっとも危険な場所として措定した、噴火の光景や大惨事の体験談から生まれていた。驚くことに、エリゼ・ルクリュは『両世界評論』誌に一八六四年と一八六五年に掲載した二つの論文で、科学的な目的から逸脱し、火、水、空気、土、金属が入り交じる環境で展開する夢幻的光景について長々と論じている。彼は、火山から定形を奪う、その絶え間ない変化に圧倒されたと語るのである。ミシュレは詩的なヴィジョンをさらに進めて、火山に心臓をみた。心臓が上手く機能しないと、地球は息切れして、噴火のかたちで痙攣を起こすのだ。溶岩は「われわれのために血管を切り開いた聖母マリアの血」[2]なのである。ジュール・ヴェルヌの小説『地底旅行』では、科学的な目的、地質学の「実物教育」が恍惚と恐怖の入り交じったものになっている。要するに、こうした火山への言及には無知が透けて見えるのだ。〔同じくヴェルヌの〕『ハテラス船長の冒険』における、氷の海にそびえ立ち、炎をまき散らす火山に至っては言うべき言葉もない。

だがこの時代には、複数の事実がそうした無知を減少させた。まず、火山の地図がかなり拡大したことが挙げられる。好奇心をくすぐるのはもはや、ヴェスヴィオ火山、エトナ火山、サントリーニ火山、地中海の火山、アンデス山脈やカナリア諸島の火山だけではなく、それどころか他にもたくさんあった。以前の地図は遠くにある火山によって補完された。その第一はカムチャツカの火山群で、というのも標高四九〇〇メートルのクリュチェフスカヤ山は世界最高峰の火山だからである。アリューシャン列島の火山群や、オランダ人博物学者たちの占有地だったジャワ島の、絶えず活動状態にあるサラク山やタンクバンプラフ山を含む、八〇の火山もあった。だが、その頃もっとも人々を魅了したのはポリネシアの火山である。とくに、非常に数が多いハワイの火山がそうで、なかでもキラウエア火山とマウナケア火山は旅行者を引きつけた。爆発で震動し、つねに耳をつんざく轟音を鳴り響かせ、火山湖は溶岩でいっぱいのキラウエア火山は、ヴェスヴィオ火山よりもはるかに華々しかった。一八六八年のキラウエア火山の爆発とそれに伴う地震はハワイの地勢を一変させた。

しかしながら、アメリカ大陸が学識ある旅行者たちの熱心な活動において忘れられていたと考えるのは間違いだろう。フンボルトはメキシコには関心を向けなかったが、第二帝政期のメキシコ出兵の前後、一八五七年から、メキシコ政府はフランスのジュール・ラヴェリエール〔フランスの探検家〕に、ポポカテペトル山、とくにその頂上、ピコ・マヨール、エスピナーゾ・エル・ディアブロの包括的な調査と、硫黄水を排出する亀裂（レスピラデロス）および死をもたらすガスを噴出する「ヴォラデロス」の観察を依頼した。一方、オーギュスト・ドルフュス〔フランスの地質学者〕とウージェーヌ・ド・モンセラ〔スイス出身の地質学者〕が率いるフランスの遠征隊は中央メキシコの火山の地質図を作成し、その後も一八六七年までエルサルバドルやグアテマラで研究を続けた(3)。

さらにまた、当時魅力的だった火山の光景のなかでも、一八七七年に体系的に調査されたイースター島のそれや、アクセスがより容易だったアイスランドのそれを挙げておかなければならないだろう。

そうした調査研究活動の全体が、当時の人々がよく知らないと認めていた火山、とくに日本や東アフリカの火山を除いて、三六四の火山、千余りの休火山の一覧に結びついた。

クラカタウ山の爆発

一八八三年八月二十七日午前九時五十八分にインドネシアのクラカタウ山が爆発したのは、調査、観察、説明、作図が行われていたそのような時代の真只中のことだった。この噴火は世界を大混乱に陥らせた。だが、それがいかに重大だったとしても、噴火は一八一五年に発生したタンボラ山の噴火よりもはるかに規模は小さかった。しかし、すでにみたように、タンボラ山の噴火は世界の他の地域ではほとんど知られておらず、「乾いた霧」やその結果として生じた甚大な気候変動が理解されることはなかった。

クラカタウ山の爆発については事情が異なる。電話ケーブルの存在、気象や騒音計測の世界的ネットワークの活動、空に関する知識の進展によって、出来事の経過を時間的に正確に――分単位で――辿ることや、情報をほぼ瞬時に拡散させることが可能だったのである。そうしたことがクラカタウ山の爆発を「科学グローバリゼーションという地球規模の地平に」位置づけ、その出来事を「瞬時性の時代」[4]に組み入れるのに寄与しているとパトリック・ブーシュロンは書いている。全世界の大衆が、爆発に続いて発生し、ヨーロッパでも感知された津波の高さや、大気の高層に二酸化硫黄をもたらし、日光を回折させた火山灰の成分をきわめて正確に知ることができたのだ。こうして「乾いた霧」の昔の謎が晴れた。また、爆発がもたらした騒音は一六〇〇キロ先でも聞こえたが、そのデシベルの計測もあった。

タンボラ山爆発の翌日と同じように地球の気温は、今度は若干ではあるが、低下した。気温低下は一八八四年の年間をとおして世界平均で摂氏〇・二五度だった。犠牲者の数は、一八一五年に比べるとはるかに少ないが、三万六四一七人に及んだ。こうした詳細には留意したい。さらに示唆的なのは、爆発の世界的、地域的影響の総合評価を事後に作成することができたということである。総合評価はロイヤル・ソサエティによって一八八八年に発表された。

本当のところ、火山に関する無知の減少に関しては、クラカタウ山の爆発は重要なものとはなっていない。爆発は世界を瞬時性に導いた。そのことは地球の新たな歴史的体制として考えられるかもしれないが、出来事の説明を可能にした迅速で限りのない計測は、私が思うには火山の存在や活動を説明する理論を進歩させはしなかった。クラカタウ山の爆発と一七五五年のリスボンの大惨事を比較すると、変化したのはおもに出来事がもたらした結果の分析と伝播である。

火山のメカニズム

だが火山のメカニズムの認識、理解は十九世紀後半に拡大した。本書の計画からすると、そのことは重要である。その獲得された知識をみてみよう。第一に、学者たちは火山物質が地底から出現し、火山は表層の局所的中心から生じるものではないと考える点で一致していた。また、レオポルト・フォン・ブーフ〔十九世紀前半のドイツの地質学者〕がオーヴェルニュ地方を観察して練り上げた、火山は隆起に起因するという理論は、アレクサンダー・フォン・フンボルト、次いでエリー・ド・ボーモンもかつてそれに賛同していたが、この時期に放棄された。

フェルディナン・フーケ〔フランスの地質学者〕は一八六六年以来、長期にわたってサントリーニ島やキクラデス諸島の歴史を分析し、火山円錐丘は火口から噴出する物質の堆積によって生じるという結論に達した。彼の言葉の一つを借りれば、火山は「それ自体が自身の建築家」なのである。繰り返すが、それは「隆起火口」の理論を破綻させることとなった。

一方、もう一人のフランス人火山学者シャルル・ヴェランは、噴火口から、あるいは火山円錐丘の下方や側面の亀裂から噴出する可能性のある、固体、液体、気体が結合・分離した「火山噴出物」を記述した。それによって、それぞれの火山が時間とともに変化させ得る「噴火タイプ」の概念を提唱することができた。

最後に、おそらく重要なものである、フェルディナン・フーケらの大いに将来性のある理論をみてみよう。多くの火山が海辺——あるいは海洋に——できていることを強調して、フーケは「断裂域」、すなわちそれによって溶岩が地表への道を切り開くことができる「地殻の脆弱ライン」の存在を提言した。ヴェランはその考えを延長して「地殻に影響を与える巨大な断層移動」に関連する「火山現象の明白な一貫性」が存在すると考えた。この提言の前兆的な性質が理解できる。(5)

第五章

氷の帝国を測定する

氷河作用のメカニズムに関する主要な無知の減少は、アガシー〔第Ⅱ部第一章〕の考えが普及した十九世紀前半に遡る。しかしその後の数十年もそれについては無視することができない。その証拠となるのは、スイスのダニエル・ドルフュス＝オーセによる一三巻の『氷河研究資料』で発表された、一八六三年から一八七三年までの観察報告である。特筆すべきは、それまでほとんど、あるいはまったく知られていなかった世界の大氷河のリストが、世紀末までに少しずつ形成されたことだ。すでに知られていたアルプス山脈、ピレネー山脈、スカンジナビア、極地などの氷河に加えて、コーカサス山脈やアンデス山脈南部の氷河、とりわけニュージーランドの実に美しい氷河、ビアフォ氷河が六〇キロにわたって広がる地域であるカラコルム山脈の氷河が大衆に知らしめられた。氷河がこのように世界中に広く分布していることは強調すべきである。十九世紀末には氷河の総面積は五万平方キロメートルと推定されていた(1)。

とはいえ、重要だったのは当時氷河期に関してもたらされた詳細な情報で、それが多くの地域に向けられる眼差しを育むことに寄与した。第一に、新たな調査によって氷河の定期的な変化や過去の氷河形成の広がりが明らかになった。たとえば一八五四年には、久しくその拡大が懸念されていたシャモニーの氷河が、厚みを減じて全体的に衰退していることが明らかになった。同時に、氷河の侵食性も議論の的となった。氷は鉋のように作用するのか、それとも研磨機のように作用するのかという問題である。

重要なのはこの半世紀の間に行われた調査がまず、過去の氷河形成がそれまで思いもかけなかったほど広がっていることを明らかにしたことだ。迷子石にせよ、過去の堆石にせよ、残された跡は過去の氷河の歴史[2]をものがたり、氷の流動が平野のはるか遠くまで広がったこと、アルプス山脈やピレネー山脈のほかに、かつて氷河がジュラ山脈や中央山地《マシフ・サントラル》、とくにカンタル山塊、オブラック山地、モン＝ドール地域を覆っていたこと、氷河作用がその地域で二度、ボージュ山地では三度も起こっていることを示していた。こうしたことを受けてアルベール・ド・ラパラン〔フランスの地質学者、古生物学者〕は十九世紀末に、思っていたよりも「はるかに広範に氷の帝国は広がったのだ」としている[3]。

マルタンス〔フランスの地質学者、植物学者〕は一八六七年に、アルプス山脈やピレネー山脈で複数の氷河作用が起こっていることを証明していた。溝のある、あるいは磨かれた岩、過去の側面堆石や迷子石を精査することによって過去の氷河を再現する丹念な作業のおかげで、消滅した氷河の面積や深度、溶解を示し、過去の氷河作用の地図作成を――一八八〇年以前でも――試みることができたのだ。

そうしたことは、ジャン・ブリュンヌやエマニュエル・ド・マルトンヌといった有名な地理学者たちによって代表される氷河学という新しい学問分野が、一九〇〇年頃に、スイスで、次いでフランスで導入されたことの説明となっている。数十年来、綿密さがますます要求されるようになり、そのおかげで過去の氷河作用の年代を推定し、過去の氷河のもっとも目に付く痕跡以外の形跡を見つけることができたのだ。

氷河の変動の探知や地図化は、大きな気候変化が発生していたという確信に至らしめた。二つの氷河期のはざまでは、気候は温暖化したにちがいなかった。とはいえこの十九世紀末にはそれがどのような影響によるものかは分かっていなかった。メキシコ湾流の変動、太陽光の強度や熱の変動、アルプス山脈の伸長など、様々な仮説が立てられたが、どれも説得力に欠けていた。気候変動の説明や、第四紀に氷河作用は存在しなかったという確信は、ずっとのちにようやく見出されることになる。

驚くことに、少なくとも一見すると、氷河作用に関するあれこれの無知の減少は他の領域よりも著しかった。第一に、フランスの例が示すように、発見はかなり広く一般に普及された。たとえば、『驚異の図書館』〔百科全書的な月刊誌〕は一八六八年に一般大衆向けにフレデリック・ジュルシェールとエリー・マルゴレによる『氷河』を出版している。(4) また、たとえば〈フランス・アルペンクラブ〉のような観光団体やスポーツ団体の活動はその点で決定的だったことが明らかになっている。(5)

第六章

水流のさまざまな謎の解明に向けて
——河川学、水理学、洞穴学——

河川への知識欲

海や山の魅力にたいする関心の集中、海や山が誘う観光やそれらが掻き立てる感情は、比較的容易に越えられる政治的境界線として、航路として、それにたいする備え方も知らなかったすさまじい洪水の原因としておもにみられていた河川と、河川が置かれていた根深い無知を多少とも忘れさせていた。

十九世紀後半——それに関する決定的な作品であるヴィクトル・ユゴーの『ライン川』の出版を考慮に入れれば一八四五年にはすでに——、地質学、水理学の誕生と充実、また、この時期の終わりには洞穴学が、河川に関するあれこれの無知、河川をめぐる謎、河川が呼び起こす恐怖、河川を包んでいた驚異を抑制した。

この頃、地質学者が河川論[1]と結びつき、河川の重要性、河川に水を供給する流域の地形、景色の形成に果たしたその役割を説いていた一方で、旅行者のなかには河流、河岸、河口に魅了されたと語る者もいた。そうした人々はさらに川の水源を発見したいとも思った。一八四五年のヴィクトル・ユゴー『ライン川』の出版はそれを見事に表している。ユゴーいわく皆が訪れるが誰もそれを知らない、当時のライン川をめぐる知識欲の多面性を意識するためには、その本がライン川について書簡形式で語る数百ページを読まなければならない。少し長くなるがその内容を追ってみよう。河川とその謎が当時掻き立てた魅力を理解するのに好都合だからだ。

よくあなたに言ってきたように、私は川が好きだ。川は商品と同じように思考も運ぶ。川は大洋に向けて、大地の美しさ、畑の農作物、都市の繁栄、人間の栄光を巨大なラッパのように称えるのだ[2]。

［…］あらゆる川のなかで私はライン川が好きだ。［最初に訪れた時から］私はこの高貴で誇らしく、荒々しいが猛り狂うでもなく、野性的だが荘厳な川を何時間も眺めた。渡るときには水を豊かに湛えた見事さで、力強く穏やかな轟音を響かせていた……[3]。

ヴィクトル・ユゴーにとって、ライン川は河川の「すべてを集約して」いた。ライン川は「ローヌ川のように急流で、ロワール川のように幅広く、マース河のように両側が切り立ち、セーヌ川のように曲がりくねり、ソンム川のように澄んだ緑色で、テヴェレ川のように歴史があり、ドナウ川のように豪華で、ナイル川のように神秘的で、アメリカの川のように金色にきらめき、アジアの川のように寓話や亡霊に包まれている」(4)のだった。要するに、ライン川に言及することは、詩人にとって地球上の河川の印象と驚異を目録にして示す機会だったのである。

もう一つの側面は活気である。ザンクト・ゴアー〔ライン川中流の都市〕では、「筏、長大な帆船、小型のセイルボート、八隻から一〇隻の蒸気乗合船が、右往左往、上り下りし、大型犬が泳ぐときのような水音をたてて、煙や飾りの旗をなびかせながら、ひっきりなしに通り過ぎる」(5)のだ。

起源、つまり水源に関して好奇心が集中したことについてはあとでまた触れよう。ヴィクトル・ユゴーは、ライヘナウ付近で合流し、ライン川の水源となる三つの源流について長く記述している。その詳細を読んでみよう。なぜなら、その文章は当時広く共有されていた好奇心を反映しているからだ。「一つの小川がトーマ湖から発して、ゴッタルド峠の東斜面を流れ、別の小川がルクマニエル峠の麓の別の湖から流れ、三つ目の小川が氷河から滲み出て、二千メートル級の岩山を下っていく。それらの源流から六〇キロほどの地点で、その三つの小川はライヘナウ付近の同じ峡谷に達し、そこで合流して、川となるのだ。」(6)

ヴィクトル・ユゴーはこの時代から、それに続く数十年間に水理学者たちが河川の流れとして強調することになるものを、記述し、感じさせようと努めている。「ライン川はあらゆる様相を呈する。

ときに幅広く、時に狭く、青緑色だったり、透明だったり、急速だったり、力強いものに固有の大いなる歓びに満ちあふれていたりするのだ。ライン川はシャフハウゼンでは急流、ラウフェンでは渦流、ジッキンゲンでは小川、マインツでは大河、ザンクト・ゴアーでは湖、ライデンでは沼となる。ライン川は自らの存在を誇示して叫ぶと言われているが、夕暮れ時には眠っているかのようにゆっくりと流れる。(7)」

湧出点がないため、ユゴーはそれに対峙して何よりも強く印象に残った「ライン川の瀑布」について次のように書いている。「頭のなかにライン川の滝があるかのように思える。」「驚異的な情景！すさまじい爆音！ それが最初の印象で、それから眺めるのだ。」それに続くのは同書のもっとも詩的な部分である。そこでは、「大きな白い鱗片で埋め尽くされた湾がそこにくっきりと浮かび上がる」瀑布、「その恐ろしさに満ちたもののなかにある、ちょっとした穏やかな場所、水泡にまみれた木立、苔のなかを流れる魅力的な小川」が描かれ、それに次いで再び「永遠の嵐。生命感あふれる猛り狂った雪」が記述される。つまり、「黒い岩山が水泡の下で不吉な顔をのぞかせている。[…]すさまじい音、ものすごい速さ。煙のようでもあり、雨のようでもある水しぶき(8)」と続くのだ。

エリゼ・ルクリュがアメリカ大陸の他の川に対峙したときに抱いた感情もそれに劣らず強力だった。たとえば一八五三年から一八五五年にその沿岸に滞在したミシシッピ川付近では、この川をもっともシンプルな川だと考えた。「ミシシッピ川はヨーロッパやアジアのほとんどの（大）河のように高い山に源泉があるわけではない。ユーフラテス川、ナイル川、ライン川のように、歴史上の出来事によって有名となった平野を肥沃にするわけでもない。その川はただそれ自身に属するのであって、歴史や寓話に負うところは何もない。」だが、その両岸では「すでに多くの人々のざわめきが聞こえる」のだった。エリゼ・ルクリュはミシシッピ川がいずれ主要な交通ルート、「北米における未来のかなめ」となると予想している。[9]

地球全体に目を向けるこの地理学者はアマゾン川も訪れた。「アマゾン川は南米大陸の地図上の大きな特徴となっている。[…]七百万平方キロメートルの流域に降り注いだ膨大な雨雪を大洋に注ぐこの南米の大動脈においては、すべてが巨大である」とルクリュは一八六二年に書いている。しかし、ミシシッピ川とは反対に、エリゼ・ルクリュにはこの川の未来は芳しくないと思えた。「地球の歴史において注目すべきこの川は人間の歴史においてはいまだ無に等しい。[10]」本書の目的からすると、だからこそアマゾン川は貴重である。『ある山の歴史』以上に予想外の『ある小川の歴史』という傑作を考えると、[11]エリゼ・ルクリュが川の流れの始まりから終わりまでの河川論にとりわけ強い関心を持っていたと言わざるを得ない。

当時、一般大衆向けに出版されていた河川文学は極地文学に対抗した。たとえば、ジュール・ヴェルヌが氷塊とほぼ同じくらい、また火山以上に大きな河川を引き合いに出していることはほとんど忘れられている。『素晴らしきオリノコ川』や、さらには『ジャンガダ』のアマゾン川、ほかにも『十五歳の冒険船長』に出てくるアフリカの川、最晩年の――それ以前のものほど関心に値するわけではないが――『美しき黄色のドナウ川』は、ジュール・ヴェルヌの記念碑的作品群において河川に同等の分け前を与えるべきであることを示している。

洪水への理解

だが水理学を創設した学者たちに話題を移そう。何世紀も前から洪水は恐怖を与えていた。都市の住民はとくに洪水を記憶にとどめていた。学識豊かな者たちが数百年来に起こった洪水を記録し、リストを作成した。洪水は多少でもそれから身を守ることができるよう願いたい災禍だった。土木技師が堤防やダムを造ることはできたが、ここで取り上げる時代以前には増水のメカニズムはよく分かっておらず、単に例外的な激しい持続的降雨がその原因だとされていた。そのとき現れたのが水理学と名付けられた新しい科学の専門家たちで、彼らは無知を打破し、より学問的に洪水のメカニズムを解明しようと決意したのである。

フランスではそのような欲望は、一八五六年の大洪水に胸を打たれたナポレオン三世の意向のあおりを受けた。大洪水はフランスの大部分に被害を与え、その間、皇帝は個人的に――身体的にともいえる――援助に乗り出していたのだ。

一八五六年七月の間、公共事業省と農業省は、水流の概要、流域の記述、増水の想定される原因、必要な工事に関する質問票を各県に送付した。四大流域に関する回答が一八六〇年から一八六九年の間に両省に届いた。フランスにおいては、そこで河川水理学が科学的に姿を現したのであり、ニュマ・ブロックはその誕生を一八七二年としている。[12] こうして土木技師ベルグラン（オスマンのパリ改造計画で下水道を近代化した」が水理学という言葉を導入し、一八七八年にはほとんどの県に気象水理局が設置された。

増水や洪水を理解することは、単に降水量を測定し記録する以上のことを意味した。いまや問題なのは、流域の地質や自然地質学の専門家たちが導入した概念の総体、すなわち、土壌の性質、浸水性、起伏や勾配、水流の度合い、植生の性質を研究することだった。水理学の研究は源泉、流域の広がり、流れ、流量、支流、河口、各河川の増水の歴史を知ることにつながった。

洞穴学の発展

当然のこととして水理学は、洞窟、水を飲み込む淵、水の地下循環と湧出、水が流れる未調査の洞穴に関する長年の無知にたいして、解答をもたらしてくれるように思えた。一言で言えば、そこで問題だったのは一連の問題を解決することで、そうした問題の提起と解決が誕生したばかりの水理学とこれから生まれる洞穴学の橋渡しとなったのである。この十九世紀末において、これほど明白に無知の減少がみられた分野はほかにはあまりない。

地下水の循環を理解し、上に挙げた謎を解決することは、第一に、降水量、自由地下水の深さと広がり、源泉の位置特定、水没洞穴や自噴井の存在可能性、地下水となる水が浸透、圧力、毛管現象、あるいは単なる流出のいずれによって浸透するのかを知るための岩石の浸透性に関して、まさしく水理学的な一連の研究を伴った。それらは一八八七年、オーギュスト・ドブレによって、その著書『現在の地下水』で要約、理論化された。

縦穴、淵、洞穴、地下水流を調査する必要もあった。フランスでは——だが、その著書の反響ははるかに国境を越えるものだった——エドゥアール＝アルフレッド・マルテルの研究が挙げられる。ドブレは自身では地下水の循環を調査することができなかったからだ。洞穴学会の創設者であるマルテルは発明家でもあり、専門知識の普及者でもあった。彼の著書、一八九〇年の『セヴェンヌ』、一八九四年の『深淵』は、大衆に地下水の循環について新たな知識を伝えた。マルテルは淵、洞穴、大洞、地下回廊を調査し、地下水の湧出を観察していた。彼は地下に潜入するに際して、いわゆる自然な入口、つまり現場にすでに存在する穴から入り込むにとどめた。

マルテルの貢献の一つは、断層や亀裂によって生まれる内部の窪みは化学的溶解や力学的侵食によって徐々に拡大していたことを示したことである。そしてそれは崩落の繰り返しではなく水によるものだった。伏流水はマルテルによれば地表を流れる川に似ていた。伏流水には流れ、それどころか急流もあり、ときに湖を形成していた。

源泉の解明

地表に、すなわち洞穴学がこのように地下深くに潜入したのちの河川論に話を戻そう。気象学との関連で水理学が可能にした増水予想を離れよう。数百年来の不可思議な謎は水流の源泉、とくに大河川の源泉に関わるものだった。ところが、この十九世紀末に主要河川の源泉の謎が解明されたのである。一八五四年、バートンとスピーク〔どちらもイギリスの探検家〕は、暦のように定期的に増水を起こし、古来エジプトの大地を肥沃にしてきた、あのナイル川の源泉を発見したと主張した。多くの大陸で未知の水流が調査され、それに続いて大河川の源泉が発見されたが、それは「空白地帯」を消去するにおいて決定的だった。一八七九年、マリウス・ムスティエ〔フランスの探検家〕とジョシュア・ツヴァイフェル〔スイスの探検家〕はニジェール川の源泉を発見した。より目覚ましいのは同年にアマゾン川の複数の支流で源泉が特定されたことで、一八八六年に源泉が特定されたオリノコ川もその支流の一つである。東南アジアでは一八九五年にようやくシャルル＝ウード・ボナン〔フランスの外交官、探検家〕が紅河の源泉をフランス保護領トンキンで発見した。このような発見の遅さ、したがって無知が長く続いたことは強調しておかなければならない。

ミシシッピ川の源流についてもそのことは明らかだった。それは源泉が明確な一点にはなく、かなり広範な湖水地帯に当たるという結論で合意した一八九一年まで議論を呼んだ(13)。

同時に——それはまた水理学の普及にとって重要な一ページでもあるのだが——河川の流れはフランス国土の骨格であり、河川の流域の研究はその骨格の重要な資料の一つとなるとしたヴィダル・ド・ラ・ブラーシュの自然地理学の影響の下で、河川の源泉についての知識は詩的地理の主軸となった。二十世紀半ばまでは——一九四〇年代に小学生だった私はそれをよく覚えている——どの生徒も、ジョルビエ・ド・ジョン山にあるロワール川の源泉やサン＝ジェルマン＝スルス＝セーヌにあるセーヌ川の源泉、あるいはスイスにあるローヌ川の源泉といった、ほとんど見ることはできないが詩情溢れるそうした源泉を知らなければならなかった。私が一九七一年から一九九七年の間に気付いたことだが、そうした場所は、たしかに旅行者には矢印で示されはするのだが、もはやほとんど誰も引きつけはしなかった。なぜなら、そうした種類の地理がもう教えられなくなって久しかったからだ。

第七章

地表の新たな解読

地殻で生じる現象の識別

十九世紀後半、地球に向けられる眼差しは、無知を明らかに減少させた地質学や自然地理学の発見の恩恵を受けた。第一に、地質学の専門家は地質学的時間が長期間にわたることを確信していた。実際、この時代には地球の年齢を推定しようとする試みの再燃が際立っていた。それは重要なことである。なぜなら、そうした事実の認識は想像に強力な影響を与えるからだ。一九〇〇年頃、放射能の発見以前、二つの推定が一般的に提示されていた。その一つは地球の年齢を二千万年から二千五百万年、もう一つは九千万年から一億年とするものである。われわれはそれが現実とかけ離れた数字であることを知っているが、推定の進歩にもかかわらず十九世紀の最終期に地球の時間性に関する無知がどれほどの大きさだったかを知るためには、そのことを考慮しなければならない。

一方で、エリー・ド・ボーモンやエドアルト・ジュースのような地質学の碩学が当時支持していた有力説は、地体構造的運動は地球が古来冷却されてきたことによる収縮から生じるというものだった。それはビュフォンが予想していたことである。このように、山の形成、火山活動、地体構造に属するその他あらゆる現象はそのような原動力によって生じるのだ。そのことは地殻下のごく浅いところに溶解層があるという仮説を伴った。しかし、中心熱という考えに反対の立場の学者も存在した。彼らは、地質形態は地球全体には影響を与えない段階的諸原因と偶然の出来事の産物であると考えた。ジュール・ヴェルヌの『地底旅行』でリーデンブロック教授と甥のアクセルを長いこと対立させるのはこの論争である(1)。

この時代の地質学者は山の形成の理解を大きく進歩させた。それはまず、以前よりも厳密な観察方法のおかげだった。そのことはアルベール・ド・ラパラン〔フランスの地質学者〕の著作が一例として示している。それによって地層を、堆積層、直立層、褶曲層、ときに折れ曲がり、ときにバラバラの断片となった層といったように、明確に区別することが可能になった。こうして地質学者は——自然地理学の枠組みのなかで活動していた学者も——断層や破断、さらには隆起、陥没、圧縮によって生じる可能性のある、地殻のありとあらゆる分裂現象を正確に見分けるようになったのである。エドアルト・ジュースは一八八三年から一九〇九年にかけて出版された著書『地球の相貌』でいま挙げたものすべてを総括している。

年代や性質の異なる地層の重なりを引き起こす接線方向の運動の結果を指してマルセル・ベルト

ラン〔フランスの地質学者〕が名付けた「移動断層」という概念を、地質学者や自然地理学者が使うようになったのは、このような文脈においてである。同じような地質学的省察の成果として、ジェームズ・デーナ〔アメリカの地質学者〕は地向斜〔長期間にわたる連続的な堆積により周辺に比べ著しく厚い地層が堆積している地域〕あるいは堆積物が蓄積される向斜溝という概念を導入した。山に関しては、アルプス山脈は南および南東方向からの圧力で前地〔断層運動に抵抗する安定的な大陸地塊〕にあふれ出たという確信が一八七五年以降、主流となった。

自然地理学の野心

地理学会が一八二一年に設立されたにもかかわらず、自然地理学はフランスではなかなか頭角を現さなかった。その旗手は長いあいだドイツ人が担っていた。それに関して、地理学の地平を拡大するにおいてアレクサンダー・フォン・フンボルトが果たした役割を思い起こそう。そのことは、マルテ＝ブラン〔第Ⅱ部第二章〕の呼びかけ以来、絶えず繰り返し唱えられた、世界のあらゆる部分を記述しようという欲望、それについての無知を打破することができないということから生じる苦悩を強調しようという欲望と、関連づけなければならない。十九世紀の中頃までに様々な「普遍地理学」がそうした普遍性の欲望を表明してきた。十九世紀初頭、マルテ＝ブランはたしかに地球の表面はあまり均等には知られていないことを強調し、彼自身もアフリカの大部分やオーストラリア全体を知らないと説明している。オーストラリアについては、探検はまだ始まっていないとも書いている。[2] その点に関しては、一八六八年に出版されたエリゼ・ルクリュの大著『大地、地球生命の諸現象の記述』や、こちらは一八八三年に出版されたヴィダル・ド・ラ・ブラーシュの『大地、自然経済地理学、諸発見の小史』をみることになるだろう。

当時、自然地理学は大いなる野望をもっていた。気象学、水路学、地球構造学《ジェオグノジー》、[3] 地表のあらゆる土地形態の説明を包括しようと目論んだのだ。本書に関わること、すなわち無知の減少や維持について言えば、この十九世紀末における自然地理学の貢献は重要だった。侵食、河川論——あるいは河川の働き——、サイクルという三つの概念をここで挙げておかなければならない。氷河地形学の進歩と関連するこの三つの概念は、様々な種類の地形を視覚的に解読することを可能にした。ヴィダル・ド・ラ・ブラーシュが一八九一年に創刊した『地理年鑑』は、それらの概念を世紀転換期のフランスで一般に普及させた。

自然地理学は地球のあらゆる土地形態（山、谷、平野、火山）を取り扱い、山の種類を区別して、侵食の影響を読み取ることによって、地表のあらゆる状態を説明するという野心を抱いていた。そのような計画の発生に関して重要だったのは、南北戦争直後にコロラド州で行われた踏査である。その土地では、地面の起伏や地勢形態を肉眼で読み取り、理解することがとりわけ容易だったのだ。そこで明らかにされたのが「削剝作用」——フランスの地理学者が侵食と呼ぶもの——である。侵食の作用を理解し、天変地異説という仮説を捨て去るには、目で見るだけで十分だったのだ。

一八八八年、エマニュエル・ド・マルジュリーとガストン・ド・ラ・ノエ大佐が出版した『地形』

というタイトルの小冊子は、一般大衆に「地面の起伏を理解し、それを単純ないくつかの法則に当てはめることが可能である」[4]ことを説明した。明らかに現行説を支持するこの小冊子では、岩質、植生の形態、風の作用、気候変化といった、侵食のあらゆる領域とメカニズムが考慮されている。

それと並行して、河川論――あるいは河川作用の測定――がこの十九世紀末に隆盛を極め、地勢の理解に寄与した。[5]準平原〔ほぼ平坦でわずかな波状起伏を残す広域侵食面〕という概念――一九五〇年以来、かくも批判されてきた概念――が当然のごとく現れるのはこのような文脈においてである。その概念の生みの親はアメリカ、ハーバード大学のウィリアム・モーリス・デーヴィスで、一八八八年に侵食輪廻という概念とともにそれを提唱した。

一八九六年、アルベール・ド・ラパランは著書『自然地理学講義』でそれらの貢献の総括を行った。彼はとくに侵食輪廻の概念を明確にし、起伏の青年期、成熟期、老年期、ときに起こる「再侵食」や「起伏の反転」といったその様々な段階を詳しく説明することに専心した。

自然地理学の専門家たちは侵食作用に由来する様々な地勢を列挙し、火山侵食、カルスト（石灰岩）侵食、氷河侵食、風侵食、海洋侵食という五つの独特な侵食形態の特性を認めている。したがって、この十九世紀末には各自の目の前に広がる起伏の形成がその多様性においてようやく理解されていたといえる。ベネディクト・ド・ソシュールの登山の頃にその萌芽がみられた積年の研究の結果である。

同じ頃、地質学・地理学的解読は、地方レベルでは、息の長い「自然地域」という概念と合流した。その概念はフランスで流行し、『地理年鑑』によって大衆化された。フランスではとくにそうだが、学者団体の博学主義と地方色の追求という枠組みのなかで十九世紀前半に行われた、国土を歴史・政治的観点とは部分的に切り離すことから始まった動きがそこに至ったのである。こうして世紀末には、各自の目の前に広がる起伏の形態を理解することによって、より親しげな眼差しを周囲の大地に差し向けることができるようになったのだ。一部の人間は空間の解読を地質図と関連づけることもできたが、そうした解読に関して獲得された知識は当時さかんに大衆化が図られ、そのことは地球というものに関する無知の減少の重要なステップの一つとなっている。地球は以前ほど恐ろしいものではなくなった。なぜなら謎が薄れたからである。一方で、リュシアン・フェーヴル〔二十世紀フランスの歴史学者〕が小地域の地質構造と地表で活動する共同体の性質のあいだの緊密な関係を強調したのは間違ってはいなかった。

第八章　北極に不凍海は存在したのか？

到達不可能な極地

十九世紀後半、それまで全面的だった深海に関する無知は減少し始めた。それよりは目立たないかたちではあったが、大気の循環に関しても同じことが言えた。それとは対照的に――たいへん意外かもしれないが――極地に関する無知は全面的なままだった。その多くは悲劇的な結末を迎えたいくつかの遠征にもかかわらず、学者たちの言説も大衆化のメディアの内容も、古い文化的残骸を換骨奪胎して伝え続けていた。分厚い書物や新聞では、おぼろげに大洪水説的な、ときにはかつてベルナルダン・ド・サン＝ピエールが考えていたものの観点に則った考えが語られていた。こうして、極地の氷の溶解と関連する「周期洪水」への言及は、極地に由来する世界の終末の黙示録的恐怖を維持したのだ。とくに、北極を覆う不凍海という神話は世紀末まで数十年にわたってさまよい続けた。

今日の読者にとってもっとも困難なことの一つは、十九世紀には誰も極地における地球の様相がどのようなものか知らなかったということをつねに思い出すことである。そこにあるのは、厚い氷床だろうか？　むき出しの台地だろうか？　不凍海だろうか？　この最後の仮説が多くの人にとって一番もっともらしいと思えた。その結果、知識不足が執拗な夢、過剰な極地文学を刺激したのだ。このような完全な無知は若きコンラッドや若きプルーストのものでもあったが、ここで分析しなければならないのはまさにその無知の驚くべき持続である。なぜなら、到達不可能だった極地ほど、想像力を働かせ、世論を熱中させた地球上の場所はほぼ皆無だからだ。

前述〔第Ⅱ部第六章〕ではフランクリンの遠征隊の残骸が発見されたところでこの話題を放棄した。この出来事は世論を震撼させ、不幸な探検家の英雄化を引き起こした。極地に向けた海洋探検に急いで話を移そう。北西航路の探求は半世紀近く放置されていた。そのような探求を理由に行われた数少ない冒険は悲劇に終わっている。一八七九年七月八日、『ニューヨーク・ヘラルド』紙はジョージ・デロング〔アメリカの海軍士官、探検家〕と三三人の乗組員をジャネット号で派遣した。船は一八八一年に氷原に押しつぶされた。ヤクート人に救出された二名を除く乗組員全員が命を落とした。(1)

一八八一年七月七日、グリーリー隊長〔アメリカの陸軍士官、探検家〕率いるプロテウス号はハドソン湾の北に位置する港、セント・ジョンズから出航した。グリーンランド寄港の際、フランス人医師オクターヴ・パヴィが乗船した。一八八三年七月二十九日、諸事情により全乗組員は救命艇で避難を余儀なくされ、グリーリーを含む七名の生存者を除いて死亡した。本国に送還された遺体は今度もまた食人の光景を明らかにするものだった。

北極の不凍海――繰り返すが、多くがその存在を信じていた――に到達することを目的とした航海士のなかで、もっとも有名なのはノルウェーのフリチョフ・ナンセンである。一二名と三四匹の犬を引き連れて、一八九三年六月二十四日、氷の圧力に耐えられるよう丸みを帯びた自身設計のフラム号でベルゲンから出航した。遠征は、一八九五年の二度目も同様に、失敗に終わった。(2) この十九世紀の最終期において、不凍海が存在するという信念は、海は北極でも凍るのだというますます広がる確信によって弱まったと言わざるを得ない。

この時代に、北極に気球で到達しようといういくつかの試みがこれもまた失敗に終わっている。一八九六年、スウェーデンの技師サロモン・アンドレーは国王〔オスカル二世〕とアルフレッド・ノーベルの支援を受けて、パリで製作された気球に乗って初飛行を試みたが、失敗した。一八九七年に技師のフレンケルと写真家のストリンドベリを伴って再度出発するも、氷の海に着地を余儀なくされた。三人の勇敢な男たちは二ヶ月間歩いた後、命を落とした。歩行の間、彼らはシロクマの肉を食べていた。(3)

それとは対照的に、ノルデンショルド〔スウェーデンの探検家〕は北東航路の探求でより幸運に恵まれた。一八七八年にヨーテボリをヴェガ号とレナ号の二隻で出発し、最初はチュクチ族の家で越冬を余儀なくされたが、一八七九年に氷から解放されたヴェガ号が北東航路を越えることに成功した。ヴェガ号は九月二日に横浜に到着し、日本人は熱狂的に出迎えた。その後、ノルデンショルドはパリでヴィクトル・ユゴー立ち会いのもと華々しく大統領に迎えられた。

南極に関しては、一八九七年に一年間の遠征が行われたものの、それ以前は南極が注目の的だったのとは対照的に、半世紀も顧みられることがなかった。

極地に関する二つの理論

数世紀も前から遠征が行われていたにもかかわらず、極地が到達不可能だったことは、失敗に刺激された想像力を自由に羽ばたかせた。世論の熱中や膨大な極地文学は失敗と無知の維持から生じたものだ。二つの科学理論についても同様のことが言える。その一つは文化的残骸として、もう一つは牧歌的神話の帰結として考えることができる。

一八四二年にジョゼフ・アデマール〔フランスの数学者〕は極地の一方に氷が堆積し、それが一万五〇〇〇年毎に半球から半球への大洪水を引き起こすと主張していた。[4] この理論にはベルナルダン・ド・サン゠ピエールが『自然研究』で〈大洪水〉について書いた見事な数ページの影響が認められる。アデマールの考えの影響は数十年に及び、とくにアンリ゠セバスティアン・ル・オン〔ベルギーの地質学者〕やポール・ド・ジュヴァンセル〔フランスの博物学者〕に影響を与えた。一八六〇年、ル・オンは大異変が西暦七八六〇年に起こると予言した。[5] だとすると、パリが水没するのを避けるために、パリを中央山塊の高所に移さなければならず、人間は適応に努め、人工の太陽や浮かぶ都市を作ることになるだろう……。そして人間は北半球を離れ南半球へ移り、ついには絶滅してしまうにちがいないというのである。

フーリエ主義者のアドルフ・アレザ、通称ジャン・シャンボンはアデマールの考えに魅了され、一八九一年、遅ればせに『キュベレ、未来への驚異の旅』を出版し、そのなかで七二四八年に「南極冷凍庫」の水がヨーロッパを覆うだろうと主張した(6)。

周期洪水に関してより重要なのはポール・ド・ジュヴァンセルの著作である(7)。ジュヴァンセルは一八六一年に、アデマールの理論に則った未来の大異変についての自説を『大洪水、地球と地質構造の展開』として発表した。タイトルをみるだけで著者の科学的野望の大きさを知ることができる。地球の段階的冷却に関するビュフォンの確信を彼なりの方法で継承しつつ、南極と北極は一万五〇〇〇年毎に代わる代わる冷却すると予言した。ジュヴァンセルによれば、周期の終わり毎にとてつもない破局が起こる。極地の一方に蓄積された莫大な量の氷が海に崩れ落ち、すさまじい津波が巻き起こり、津波は山の斜面を削ぎ落とし、森林を飲み込んで、生き物を殺し、海の底をひっくり返すのだ。こうした破局は反対側の冷凍庫がその時を迎える一万五〇〇〇年後に再び起こるというのである。

上記のことは世論に科学的恐怖と考えられるものを引き起こし、その恐怖が聖書の〈大洪水〉によって喚起された恐怖に取って代わるのだ。実際、一八八一年の『マガザン・ピトレスク』誌を含むいくつかの印刷媒体が周期洪水説を大衆化したことや、アルフレッド・モーリー〔フランスの考古学者、歴史学者〕のような傑出した学者が一八六〇年にアデマールの理論を喧伝したことが分かっている。

だが、北極に不凍海が存在するという――古くからの――魅力的な考えは、周期洪水に与する考え以上に重要な与件となっている。凍らない北極の海という観念が再発見されたのは一八五九年以降、フランクリン遠征隊の遺物発見の遠征を考えると、それが行われた一八五三年以後のことである。まるで恐怖が、その代償となる牧歌的神話の欲求を抱かせたかのようだ。この再発見された神話はとくにドイツ連邦やイギリスで流行し、フランスやアメリカでも多少流行した。一八六九年、ハンザ号とゲルマニア号でついに不凍海の探索に乗り出したアウグスト・ペーテルマン〔ドイツの地理学者〕をその神話の再発見者とするのは衆目の一致するところである。[8] 一見するとじつに驚くべきことに思えるかもしれないが、一八六〇年代には――なかにはその時代を超えて――あらゆる学問分野の数多くの著名な学者が北極における不凍海の存在を認めていた。

フランスに限ってその例を挙げれば、地理学者コンラート・マルテ゠ブラン、地質学者エリー・ド・ボーモン、気象学者エドム・イポリット・マリエ゠ダヴィ、博物学者アルマン・ド・カトルファジュ・ド・ブレオ、歴史学者アンリ・マルタン、一八六四年に出版された『海洋の謎』の作者アルチュール・マンジャン、地理学者エリゼ・ルクリュ、ジュール・ヴェルヌなど、異なる分野の学識ある専門家たちである。ほかにも、黄経局〔天体暦、航海暦、航空暦などを作成した〕などの研究機関の多数の研究員がいた。一八六六年のピエール・ラルース『万有百科事典』には北極の海が存在するという記述がある。同年シャルル・グラは、『科学アカデミー報告書』をみれば分かるように、自らが不凍海の熱烈な学識的擁護者であることを示した。最後に追従者の一人を挙げておこう。モンペリエ高校の物理教師だったジュール・ゲーは一八七三年に『北極の不凍海』という「教科書」を出版している。(9)

不凍海が極地を浸しているという仮説は一連の論拠にもとづいていた。エリゼ・ルクリュは三つの要点を強調している。〔白夜により〕半年間続く日照時間、メキシコ湾流のような暖流の存在、極地では気温が温暖化するという確信である。また、過去にはその存在を確認したと主張する航海士もいた。ミシュレが一八六一年に出版した『海』で不凍海の存在を説明するのに取り出すのはそうした論拠であり、マリエ＝ダヴィの賛同を説明するのはメキシコ湾流の存在である。

補足的な論拠がそのような海の存在を確かなものにしていた。多くの航海士が気付いたのは、氷原の上空を飛ぶ鳥の多くが北に向かって行くことだった。海があることを感じ取っていないとすれば、恐ろしく寒く、餌もない、巣を作ることもまったくできないような場所に何をしに行ったというのだろうか。それが地理学者シャルル・エルッの提示する論拠であった。「ポリニー」という概念にもとづいた論拠も忘れてはならない。今日では「凍った海に閉ざされた凍らない海の広がり」を意味するこの用語は、一八六〇年代に使用され、巨大な「ポリニー」の存在を本当らしいものにするのに役立った。この一八六〇年代には、不凍海の存在を否定し、それに関する証言は目の錯覚に過ぎないと主張する人々の論拠は薄弱だと思われていた。

したがって、すでに言及したチャレンジャー号の遠征〔第Ⅲ部第一章〕は重要だった。船長は出発時には不凍海が存在すると思っていたが、その考えをやがて消し去った。

本書に関するところで重要な事実の一つは、その影響力は絶大だった極地文学のほぼすべての作者が不凍海を探求する冒険者を描いていることである。ジュール・ヴェルヌはその先頭に立つ。こうした文学が、いかに極地に関する無知が打破されたと偽りにも数十年にわたって世間に思い込ませたのかを知ってもらうために、一八六七年に出版されたヴェルヌの一大小説『ハテラス船長の冒険』の一ページを引用しよう。「海だ！　海だ！　と皆が声を揃えて言った。不凍海だ！　と船長が叫んだ……。水平線を遮る島や新たな陸地は一つもなく、見渡す限り海が広がっていた。[…]ニューアメリカの土地はこうして、身震いもせず、静かに、わずかに身を傾けて、北極海で息絶えたのだった。」

それに続くのは第二十一章「不凍海」である。探検家たちはそれを「北極海」と名付けるのだが、そこはあらゆる種類の動物や海獣が住む場所なのだ。「超自然的に清らかな」大気に包まれ、巨大なアホウドリが上空を飛び回り、「サイクロン（あるいは回転する嵐）のような」嵐が起こったりもする。さらに先では「丸い穴、新たなメイルストロムが波の渦のなかに生じる」[10]とジュール・ヴェルヌは書いている。それが一時的にハテラス船長を飲み込むのだ。

極地冒険譚の隆盛

それでも、一八七〇年代には不凍海を探しに出かけるという考えは少しずつ捨て去られた。しかし、周期洪水にしろ、とりわけ不凍海にしろ、極地に関する想像は、船や橇《そり》で成し遂げられる英雄的偉業の物語、冒険の愛好、科学的あるいは自称科学的発見への関心を混ぜ合わせ続けていた。今度はそうした想像の普及に目を向けてみなければならない。

フランスにおけるもっとも偉大な専門知識の普及者で『科学年報』を一八五六年に創刊したルイ・フィギエのことはすでに紹介した。フィギエは極地に関係する事柄の普及に努めた。それと並行して、フランスに関するところでは、科学的発見の大衆化を旨とする一般大衆向けの雑誌は、南極探検や極地の科学として考えられていたあらゆる事柄に多くの紙幅を費やした。『イリュストラシオン』誌や、とりわけエドゥアール・シャルトンの『世界一周』誌がそうで、さらに一八六三年創刊の『地理年報』もその一つだ。より幅広い読者向けのものでは、『プチ・ジュルナル』誌や『家庭博物館』誌は極地制覇に旅立った個人の偉業を解説し、そうした一般向けの各誌のなかでは好位置を占めていた(11)。

おそらくより重要なのは極地を取り扱った数多くの物語や小説である。その大部分は空想的なものだったが、十九世紀後半にこれほどまでに作家たちをとりこにした場所はほかになかった。一時カナダ総督だったフレデリック・ハミルトン＝テンプル＝ブラックウッド、通称ダファリン侯爵は一八五六年にスピッツベルゲン島を訪れ、体験をもとに『極地からの手紙』を出版した。その本は一八六〇年にフランスで翻訳され、道を開いた。ジュール・ヴェルヌは『驚異の旅』叢書中の七作品で氷を舞台に選んだ。不凍海もその旅先の一つとなるアルベール・ロビダの小説『世界の五、六カ所をめぐるサチュルナン・ファランドゥールのじつに驚異的な旅行』は読者を夢中にさせた。一八九三年のピエール・マエル『北極のあるフランス女性』やルイ＝アンリ・ブースナール『氷の地獄』も同様だ。軽航空機操縦士のエドゥアール・デュビュローはレオ・デックスの筆名で一九〇一年、遅ればせながら『北極への途上で』を出版した。不完全なリストの最後にこの作品を挙げておく。極地文学を事細かに列挙しても退屈なだけかもしれない。それほど十九世紀後半にその数は多かった。

これらの作家は多くの読者を恐るべき場所で活躍する主人公の冒険譚で夢中にさせた。主人公は、長い極夜に足止めされ、シロクマに襲われ、千変万化する氷に閉じ込められ、極寒を耐え忍び、想像を絶する蜃気楼の犠牲となり、夢幻的なオーロラに魅了され、余所から聞こえてくる謎の破裂音で耳を聾され、凍傷に脅かされ、そのような場所では食人に直結した飢餓にも晒されたのだ。

失敗にもかかわらず、十九世紀末の学者たちは早く無知を打破しようとようやく極地に関心を向けた。一八八二年、気象学者の唱導で第一回「国際極年」〔極地の気象現象を国際間の協力で観測した年〕が実施された。

第九章　地球知識に関する大衆化の遅さ

科学知識の普及メディア

むろん、本書がその概略を示してきたように、知識層における無知の減少の歴史を辿ることは、教育機関、講演会、展覧会、新聞雑誌、書籍による発見の普及を知ろうとするからこそ有意義なものになる。そうすることによってはじめて、残念ながらきわめて漠然としたかたちではあるが、無知の階層化の複雑さを推定することができるだろう。

ところで、本書で取り上げた三番目の時代、一八五〇年から一九〇〇年にかけての時代はとくにフランスでは大衆化の黄金時代に相当する。とはいえ、大衆化において優位を勝ち取ったのは科学知識の普及ではなかった。

大衆化の研究はうんざりするような列挙を伴う。また、それを取り扱う仕方もきわめて不十分なものとなるだろう。この先でみる学校のほかに、新聞雑誌、あらゆる種類の図書館（つまり書籍）、講演会、展覧会という四つの媒介が決定的な役割を果たした。そのような列挙は読書の歴史に支えられてはじめて意味をもつものだ。

実際、十九世紀の最後の一〇年間に大衆が科学知識を吸収するもっとも有効な手段は雑誌を読むことだった。したがって本を読むことは二の次だった。だが、雑誌に関しては少なくとも三つの種類に分けるべきだろう[1]。フランスではたとえば科学アカデミーの月例報告のような重要な科学機関の報告書と並行して、多くの専門誌が創刊され、学者の監修でそれぞれの科学分野の研究動向に関する最新情報が提供されていた。そうした雑誌のほとんどは研究所をバックにしており、また、書誌が付けられ、最重要の科学的著作物の書評も含まれていた。大学、研究所や、フランスではたとえば高等師範学校や高等研究実習院のような重要な教育機関の図書館で、それらの雑誌を読むことができた。このようにアカデミズムから近代化する科学雑誌への橋渡しが行われていたのであり、それは二十世紀をとおして続くことになる。

ダニエル・ライシュヴァグは、一八五〇年から一九〇〇年の間にフランスで一般大衆向けの総合科学雑誌が五〇ほど出版されたことを明らかにしている[2]。ハイレベルの専門家を自称するわけではないが好奇心旺盛で学識豊かな読者向けの数多くの総合雑誌については、事情はそれとは異なっていた。そうした雑誌の筆者は知識の大衆化という使命を担っていると感じていた。彼らは自分たちの記事のいくつか、あるいは項目全体を遠慮なく科学的対象に向けた。十九世紀末はフランスでは雑誌の「ベル・エポック」期である。雑誌には多くの場合、挿絵や写真が掲載され、それがその魅力を高めていた。一八三三年、「大衆百科事典」を標榜する『マガザン・ピトレスク』誌が登場した。その一〇年後、息の長い『イリュストラシオン』誌が創刊される。一八五〇年、明示的なタイトルの『世界一周』誌の出版が開始し、続いて一八五六年には『科学年鑑』がエドゥアール・シャルトンによって創刊され、それはこの時代のフランスにおける二人の偉大なる専門知識の普及者の一人ルイ・フィギエ（もう一人はカミーユ・フラマリオン）の活躍の場となった。再度一八六三年創刊の『地理年鑑』と、とくにガストン・ティサンディエの『自然』誌を挙げておこう。ジュール・クラルティ、アルベール・ロビダ、ルイ＝アンリ・ブースナールが刊行した『陸上と海上の冒険旅行日記』誌〔一八七五年創刊の絵入り週刊誌『ジュルナル・デ・ヴォワイヤージュ』の前身〕もあった。ロビダとブースナールはおもに「空白地帯」の探検や描写を取り扱った新聞小説の作家である。

合計すると、学術定期刊行物や科学知識の大衆化を目的とした総合雑誌の数は飛躍的に増えた。一八〇〇年には世界規模で七五〇誌だったのが、一八八五年には五千誌、一八九五年には八万誌に増加している。十九世紀もほぼ終わりの時期、書籍や雑誌記事を含めて年間約一〇万の科学出版物があったと推定される。

大衆の多くがそうした出版物、地球の諸科学により特化したものというよりも地理の大衆化を目的とした出版物を読んでいたのだろうか？　おそらくそうではないだろう。それでも、都市生活者はそれ以外にも『驚異の図書館』や、とりわけ一八六四年にジュール・エッツェルが創刊した明示的なタイトルの雑誌、『家庭絵入り図書館』に続く『教育娯楽マガジン』を読むことができた。本書に直接関係する『諸科学とその応用の大衆小百科』を最後に挙げておこう。

そうした新聞雑誌に加えて、これもまた都市の大衆に向けたものだが、応用科学の隆盛に乗じた作家たちによる実用手引書がおびただしく存在していた。セリーヌはすでに挙げた『なしくずしの死』でそうした物知り作家をじつに巧みに描き出した。ロジェ＝マラン・クルシアル・デ・ペレールは「実際に、要約、記事、講演に長けていた」とセリーヌは書いている。その男のモットーは「すべては家庭教育、婦女教育のために」であった。彼が手がける応用科学雑誌『ジェニトロン』の編集部には大フラマリオンの写真が掲げられ、「彼はフラマリオンを神様のように信奉するのだった」。「彼はこれまでの人生で結局、ほとんどすべてのことを説明してきたのだ」。彼の手引書は「多くの言語に」翻訳され、「数多くの学校で教材として使用されていた」。「それ以上に便利で、わかりやすく、吸収しやすいものはなく、簡単至極だった。」彼が古典とするのは『モーペルチュイからシャルコーに至る極地旅行の歴史』や『家庭の天文学』なのである。(3) ときにはフィクションが現実を理解する手助けとなることがあるものだ。

田舎では、おそらくもっとも重要だったのは、衣類を「仕舞う」箪笥の上段に生涯保管されていた、お年玉や表彰で貰った本である。ときにそうした文献――リモージュのアルダン社やトゥールのマム社のようないくつかの出版社がそれを専門にしていた――は地球科学を取り扱っていた。

何度も言うように、ここで紹介した大衆化の出版物全般はとりわけ探検記や冒険記に力を入れていた。だがこの場合、極地文学に関してみたように、作家たちのなかには一線級の権威ある科学文献に着想を得ている者もいた。ジュール・ヴェルヌのやり方がそうで、ヴェルヌは蔵書としてマルテ＝ブラン、エリゼ・ルクリュ、ルイ・フィギエ、フランソワ・アラゴ、マリエ＝ダヴィなどの本を揃えていた。『月世界へ行く』を読むと、小説家が最新、最先端の発見にいかに通じることができたのかをまざまざと知ることができる。

知識欲の受け皿としての「学者団体」

当時フランスやイギリスで隆盛を誇った「学者団体（société savante）」について少しみてみよう。まず「学者（savant）」という言葉について強調しておこう。この言葉は少なくともフランスでは二十世紀中頃以降に徐々に消滅したが、この十九世紀後半には一つあるいは複数の「学者団体」への所属によって裏づけられる社会的威信を付与する言葉だった。それら団体の会員になることはたしかに知識欲（libido sciendi）を満たしたいという欲求に対応するものだったのかもしれないが、同時に自らの社会的威信や資本を増大したいという欲求にも対応していたであろう。イギリスではそうした「学問」愛好家は中産階級の工場主、商人、医者、商店主のなかにおもに存在した。最近になって富裕になった人々で、田舎の貴族会員にたいして威信を得ることや、とりわけ飲み屋の大衆と一線を画することを望んだのだ。フランスでは、そうした団体に地方貴族が数多く参加していたことを考えると、団体に加入することは大小のブルジョワ会員にとって権威ある社交性を共有し、地方名士の世界に参入する手段だったといえる(4)。

そのような観点からすると、知識欲はどうなっていたのだろうか？　まず、そうした団体で主流だった博学主義を考えると、会員であることは、複数あるいは多数の学問領域の識者となることを意味した。また、何度も言うように、ここで知識欲を集約しているのは地方という場である。小学校で身近なものにそうした知識欲の集約が行われていたことについては、あとでみることにしよう。アカデミー視察官は小学校教師に市町村の専門研究を文章にするよう促したり、ときには司教に小教区の歴史を書くよう求めたりした。そのような観点では、古代・中世考古学、地方史、民族誌学、それら団体が企画する遠足などで学んだ植物学、技術に属するあれこれといった、いくつかの領域が学者団体会員の好奇心や知りたいという渇望を集約していた。このような文脈においては、地球知識が占めていたのはごくわずかであったことが理解できる。そのことはそれら団体の名称自体に掲げられた目標によって裏づけられている。ロバート・フォックスによれば、地方の学者団体のわずか五団体（〇・七％）が学問領域として気象学を、四団体（〇・六％）が地質学あるいは鉱物学を掲げるのみだった。

図書館の力

科学の本を読むことができたのは、何よりもまず図書館においてだった。図書館の種類はきわめて幅広かった。第一に、パリを除くと、大都市に市立図書館があった。旧教会図書館の蔵書を一部収蔵し、少しずつ最近の本も増やしてはいたが、訪れるのはその多くが学者団体の会員である学識豊かな人たちだけだった。一八六八年にオープンしたパリの国立図書館B閲覧室についても同じことがいえる。

「良書普及協会」の奨励を受けた教区図書館は若者や一般の熱心な信者に向けた図書館で、蔵書の多くは教化のための書物だった。本書に関わるところでは、読書のための場所にはほかにも、駅図書館、大衆図書館、学校図書館の三種類があった。駅図書館は当然、待ち時間に手持ちぶさたな旅行者に本を提供していた。大衆図書館は諸々の団体による大規模な組織網を形成していた[5]。最初の大衆図書館は、一八六一年に植字工のジャン＝バティスト・ジラールによって設立された労働者向けの図書館である。もっとも名高いのはパリ三区の〈教育友の会〉図書館で、一八八二年には三六〇名の会員を抱え、五一二〇冊を所蔵していた。

大衆図書館の発展において二つの団体が決定的だった。一八六二年にパリで創立された「フランクリン協会」はその目的を上述の〈教育友の会〉と共有していた。たとえばパリではフランクリン協会図書館は夕方や日曜日に開館していた。また、そうした図書館のほとんどがそうであったように、貸出も行っていた。それによって勤め人や都市労働者全般の大衆が読書に勤しむことができたのである。そのモデルは地方都市のほぼすべてに急速に広がった。一九〇〇年頃には、そのような図書館は三千ほどを数えた。こうした読書の渇望は、その点では先導的だったイギリスやベルギーなど近隣諸国にも存在した。

ここ一〇年ほどの間に大衆図書館について数多くの歴史研究が発表された。一連の専門研究はその活動に関する情報を伝えている。残念なことに、そうした研究を丹念に読むと、本書に関わる書物は蔵書や貸出リストにおいて割合が少ないことが分かる。たとえば、地理学的といわれる書物に関するアラン・ベイカーの調査目録は、その数が反対に多かったことを示す可能性もあったのだが、二二の大衆図書館においてその数は蔵書ではきわめて少なく、貸出リストではさらに少なかったことを明らかにしている。おまけに、それらは厳密な意味での地球科学にはほとんど寄与しない旅行記や探検記だった。それに加えてどの大衆図書館にも小説があったのだが、それについてはあとで紹介することにしよう。

オート＝ヴィエンヌ県の大衆図書館全体では、一八七〇年の蔵書目録によると、「科学と技術」に関する本はわずか二〇四冊だった。やがてフランスの本の都となるコレーズ県の都市ブリーヴの、一八七二年に一〇〇六冊を所蔵していた大衆図書館では、「科学と技術」の項目にまとめられた本は全体の八・四％に過ぎず、同年におけるその貸出の割合も一・六％にとどまっていた[6]。

残るのはおそらく量的にはもっとも重要な一八六二年に設立された学校図書館である。田舎町の優秀な生徒やエリートはそこで本を手にすることができた。県の学校図書館における読書に関して一八七七年にオート＝ヴィエンヌ県で行われ、五八人の小学校教師が回答しているアンケートは、上級生や青年がそのほとんどだった読者の好みを明らかにしている[7]。アンケートは同年に貸し出された一九五三冊に関する。筆頭に来るのは農業やフランスの歴史に関する本である。好みの順番に従えば、次に来るのが小説である。四人の作家がほぼすべての支持を集めている。第一は一五回の言及があったジュール・ヴェルヌで、『気球に乗って五週間』は読者が評価する作品として唯一、八回の言及があった。他の三名はメイン・リード大尉〔北アイルランド出身のイギリスの小説家〕、フェニモア・クーパー〔アメリカの作家〕(『大平原』、『赤い海賊』など)、ウォルター・スコット〔スコットランドの小説家〕(『クウェンティン・ダーワード』と『アイヴァンホー』)である。こうしたことは、地球科学にたいする興味ではなく遥か彼方の土地にたいする興味を反映していた。オート＝ヴィエンヌ県全体で同じ一八七七年に三三三の学校図書館が存在し、一万七六六件の貸出が行われている。

十九世紀の最終末にパリ、ナンシー、ブザンソンで始まった公開講座や、おもに首都パリの各所で行われていた講習および「一般向け講演会」については、何ら言及してこなかった。それらの聴衆はきわめて限定的だったからである。

講演会という、顧みられることがあまりにも少ない知の媒介を忘れてはならない。その重要性は二十世紀半ばまで及んでいる。パリでは『アナール』誌のそれのような有名な講演会があった。また、県庁郡庁所在地の都市でも定期的に開催されていた。残念ながら、本書に関わるところでは、科学的な講演よりも旅行や探検の体験談がそこでは主流だった。講演者は訪れた遥か彼方の地方の植物、動物、そしてとくに土着の人々について説明した。ときには写真や、皮革、投げ槍、お守りなどの持ち帰り品を見せたりもした。大衆図書館が企画した講演会のなかにはいくつかの例外もある。たとえば、カミーユ・フラマリオンはエペルネーで行われた講演会で「空と地球、気球旅行、など」という演題で講演している。[8]

同様の観点では、遠方の各地から帰国した――大抵は短い滞在ではあったが――宣教師の講演会も考慮に入れなければならない。また、宣教活動の印刷物も右で挙げた印刷媒体に追加する必要がある。

学校教育の役割

地球の謎に関する無知の減少を話題にすれば、真っ先に思い浮かぶのが次の疑問である。読み書きのできない状態が打ち破られ、小学生や中学生は教科書、とくに一八六七年以来必修化された地理の教科書を使用することができた時代（一八六〇年―一九〇〇年）にあって、学校はそのような経過のなかでどんな役割を果たしたのだろうか？　学校教育における学習は本書で取り扱う対象にはほとんど関わっていなかったということを確認しておかなければならない。地球についての知識、とりわけ、恐怖を与える地球の諸相の一部についての知識は、多くの場合、地球の形、極地では平らであること、そしてときには黄道面において地軸が傾いていることによって端的に説明されていた。地殻を焼きリンゴの外観に例えることもよくあった。

さらにこの時代、少なくともフランスにおいては、学校教育での学習は小学校教師による専門研究や学者団体が行った地方特有の――すなわちその土地についての――研究の対象であった「小さな祖国」[9]〔愛国心の基礎となる郷土〕に集約されていた。そのことはしばしばエリゼ・ルクリュの願いに呼応した散策のかたちで表された。エリゼ・ルクリュは生徒たちに土地理解の手ほどきをするのに、散策を頼りにしていたのである。

地質学や地形、河川の流れと流域の解読の進歩のおかげで、眼差しが多くのことを学んだことはすでに指摘した。ところで、そうしたことはすべて小中学校の散策で手ほどきの対象となっており、エリゼ・ルクリュにとって重要だった学ぶ喜びを生徒たちに与えていた。エリゼ・ルクリュには「文明の最初の時代」、すなわち、「無知の時代」、「原初の無知」の時代が「終わりに達している」と思えた。そして「無知の単純さのなかで幸福を取り戻す」希望を抱いて科学の獲得知識を拒むには、もう遅すぎると考えた。

地理学に関して、ルクリュは明確な計画を次々に示していた[10]。視覚によって、すなわち「われわれを産み落としたこの地球の直接的な観察によって」行うにふさわしい地球の性質の研究を頼りにしていた。それゆえに「普段の住居の周囲の」散策に、「事物や景色を見ることによって生まれる会話」を頼りにしていたのである。

［そのような会話は］平地、山地、花崗岩質の土地、石灰質の土地、海辺、川沿い、希有な荒地でそれぞれ異なった様相を帯びるであろう［…］われわれはいたるところに、砂、粘土、沼、泥炭、またおそらく砂岩、石灰といった、土地のある種の多様性を見ることだろう。小川や川、大きな河川の土手を進んで行き、流れ去る川の水、巻き起こる渦、川の水を引き戻す逆流、砂

地に表れる波紋の作用、川岸を削る侵食の進行、「浅瀬」に堆積する沖積土を見ることだろう。［…］驟雨《しゅうう》が降るのを見たり、空を見たりする機会でもあるだろう。［…］われわれは霧や雲が青空に続くのを、そして雷雨、稲妻、虹、おそらくはオーロラの大々的な希有の光景を目にするのだ。

エリゼ・ルクリュによれば、そうすることによってはじめて、学校の地理の授業で地図や地球儀を読んだり見たりする学習が意味のあるものになるのだ。ルクリュは省察を進めるにつれて、その時代において身近な自然の地質学、地理学、気象学につながるすべてのものを子供たちに伝えたいという欲望を示しているが、そのことはヴィダル・ド・ラ・ブラーシュの弟子の学者たちが表明した意見と、「小さな祖国」を初等教育の場所とする傾向の、両方に一致している。

もう一人のアナーキスト〔ルクリュはアナーキズムの活動家でもあった〕、クロポトキン〔ロシアの革命家、地理学者〕はさらに上を行く。想像力の媒介である地理の礼賛において、クロポトキンは義務教育から大学までの地理がいかにあるべきかを長々と説いている。「まずは、地殻の変化をもたらした法則の研究である。大陸の拡大や消滅を引き起こす法則、大陸の過去と現在の布置、いくつかの大変動の方向性［…］、そうしたものはすべて地球のいくつかの法則に従っているのだ。」クロポトキンは「地体構造的隆起」、「地質学的時代」の連続に言及している。地殻に関する法則はまだすべて発見されたわけではないともしている。「四大大陸の山岳学は緒に就いたばかりだ……。」クロポトキンは地質学と地理学の過剰な分離を残念に思い、「地質学ととても相性のよい地理学者」を望む。子供の教育についてでは、「地面の上昇にある、小さな不均衡だけが、子供に、山、台地、頂、氷河が何であるかを教えてくれる。子供は自分の村や町の地図を見てはじめて、地図の難解な慣用的記号を理解できるのだ」と書いている。

エリゼ・ルクリュやピョートル・クロポトキンがこの歴史書で取り扱っている事柄の教育に関して述べていることは、空想的だと思えるかもしれない。だが二十世紀中頃までの地球教育に与えられた方向性は――少なくともフランスでは――そうした考えや願望に一致していた。教員引率の有無にかかわらない小学生の散策、「小さな祖国」の、また最上級生には「自然地域」の焦点化、地質学、水理学、河川学の考慮、それらが伴う地勢を見る眼差しの学習は、二十世紀半ばに至っても高等教育において、地質学に支えられた地理教育の主流であり続けた。

私が学士号や教授資格試験の準備をしていたとき、水理学の授業を受け、フランスの「自然地域」のそれぞれについて書かれた分厚い本を何冊も読み、とりわけ、専門地図を使った地図区分を何時間もかけて作成し、解説したことを覚えている。そうしたことはこの最終章で対象としている十九世紀後半に始まった関心の的を反映していた。

万国博覧会における知識の大衆化

むろん、遠方の地域をテーマとした展覧会、展示、博物館についてまったく言及してこなかったことを非難する向きもあろう。それらに目を向けなかったのは、多くの場合、地球全体に散在する土着民やその村を見せることが目的となっていたからである。本書が暴く無知に対応するものではないのだ。今日、無数の身体の写真が忘却から引き出されているが、その解読は当時支配的だった人種差別的理論と関係づけられる。

対照的に、開催された万国博覧会のいくつかは本書に関係する。たとえば、本書の観点では、パリで一九〇〇年に開催された万国博覧会は、そこで展示され十分に研究された土着民の村ゆえではなく、地球を示すと同時に宇宙を可能な限り観察できるよう作られた驚異的な設備ゆえに、例外的な情報源となっている[11]。そのような目的で二つの主要な制作物が無数の来訪者に提示された。〈レンズ光学館〉およびエッフェル塔の麓に設置された大型シデロスタット――あるいは「大望遠鏡」――と、ソルフェリノ大通りに設営された、したがって会場外だったが万博関連ではあった、ガルロンのコスモラマ、別名「ガルロンの宇宙儀」〔正しくは、エッフェル塔付近、現在のジャック・シラク河岸に面して設置された〕(口絵10参照)の二つである。

それらの設備が及ぼした影響は、世界の、つまり地球のシミュレーションを施した大規模装置を実現したことに由来していた。十九世紀初頭にジオラマによって実現されたものの遥かなる帰結である。

さらに〈レンズ光学館〉では、フォルチュネ・メオル〔フランスの版画家〕によって「付属のアトラクション」、すなわち、来訪者が地球の歴史のなかに潜入できるようなパノラマの大壁画、たとえば「初期の外観」「大雨」「初期の海」「石炭紀の森林」「三畳紀の爬虫類」「恐竜とその闘い」などの壁画が提示された。ルイ・ルースレ〔作家、写真家〕は一九〇一年に出版された本のなかで万国博覧会の総括を示している。そこでは〈レンズ光学館〉で展示されたテーマのなかで「海底」の画像や「地下の光景」の画像が挙げられているが、それらはやはり当時まだ知られていなかった地球の奥深くを反映するものではなかった。この施設ではまた、気球から撮影された地球の天頂写真が展示された。そうした制作物は、当時広く普及していたステレオスコープ（立体鏡）をとおしてじつに見事なものに見えた。

ガルロンのいわゆる宇宙儀あるいはコスモラマについてはまだ何も語っていない。そのなかで地球は太陽系の模型の中心に位置していた。展示物の高さは六〇メートル、地球は水銀盤の上に置かれ、ゆっくりと軸回転するのだった。百人の観客が円窓の施された段状の空間に入ることができた。お分かりのように、〈レンズ光学館〉にしてもコスモラマにしても、来訪者はそこで地球の表象、その過去、宇宙におけるその位置づけから生じる様々な感情を体験することができた。本書の観点からすると、このような見世物的大衆化の方法はきわめて重要ではあるが、それはおそらく本質的ではないだろう。

「シデロスタット」の大望遠鏡が明らかにした月の画像は、印刷物の月の写真よりも強力な感情を生み出した。望遠鏡は月の表面を探索し、地球外空間を体験するよう促した。提示された月の写真、とくにクレーターの写真はきわめて精細なものだった。クレーターの定義がそこで問題となった。ほとんどの場合、それを見ると当然のごとく地球火山の噴火口と比べたくなるのだった。また、それがもっとも一般的な理解だった。だが、一部の学者はクレーターの下部に円錐丘がないことからそれに異論を唱えた。だとすれば当然、地球火山の噴火口と同一視することはできなかった。

月は古来、その形や光の変化、食、また最近では、潮の満干に与えるその影響が確認されてきた天体である。その形態、とくにクレーターの異論の余地のない存在が明らかにされたことによって、月はある意味では第二の地球と見なされるようになった。月に関する無知は減少したが、地球に関する無知は歴史家が暗黙のうちに考えている以上に大きいままだった。

まとめ――二十世紀初頭における無知の大きさ

一八六〇年以降、地球に関する無知は前世紀の十八世紀よりもはるかに急速に減少したが、二十世紀初頭には無知はまだ多くの領域で存続していた。地球が当然のこととして与え続けていた強い不安、あるいは恐怖の妥当性を証明してみよう。

残された空白地帯

一九〇〇年、極地は相変わらず未知のままだった。極地は悲劇の場であり、もっとも広大で謎に満ちた「空白地帯」だった。その頃たしかに、海底地形の描出と地図の作成が行われ、それまで完全に未知の状態にあった深海から動植物が採取されてもいた。しかし人間は深海をまだ身をもって訪れてはいなかった。潜水服の使用は何よりも想像に属するものだった。

採掘坑より先の地底は未知のままだった。同様に、対流圏と成層圏の定義（一九〇二年）以前、有人軽航空機では到達できなかった空の上層は知られていなかった。火山は地球内部の炎に由来するのではないかと思われてはいたが、それは議論を呼んだ。それでも、クラカタウ火山の出来事が証明するように、噴火の影響やその広がり方については正確に分かっていた。科学的に測定され始めた地震をそれと明示的に深く関係づけるわけではなかったが、地球には断線が存在するということが予見されていた。大気の循環、暴風雨、高気圧、低気圧の評定、つまり気象力学はいまだ出来の悪い予測しか与えてくれなかった。

しかしながら、以前は全面的だった地球に関する無知は、それ以前の四〇年間にかなりはっきりと減少していた。地球の年齢は二〇二〇年に推定されているのとほぼ同じように考えられていた。地層がどのように堆積、隆起、断裂、反転するかはきわめて正確に把握されており、様々なかたちの侵食がもたらす影響についても同様だった。第四紀の度重なる氷河作用の間に氷河がどのように渓谷を侵食し、平原を形成し、地表の形を描きだしたのか認識されていた。地下水の循環方法も理解され始めていた。また、すべての大河川の源泉が特定されていた。おそらくもっとも重要なのは、右に挙げたことが地球のあらゆる場所に向けられる眼差しを一新したということである。

情報伝播の加速と無知の階層化

それ以後、情報は瞬時に駆け巡った。だが、人間の移動や商品の運搬の——異論の余地のない——加速を強調し過ぎることは慎まなければならない。飛行機はいまだ現実には飛んでおらず、自動車は生まれたばかりで、オートバイは十九世紀が終わろうとする頃に登場し始めた。一言で言えば、一七五五年から一九〇〇年にかけて、速度は時速六〇キロ（馬の速度）から時速一三〇キロ（当時の自動車の最高速度）に加速したのだ。鉄道がもたらした大変動が一八三〇年代以来、そうした加速を象徴していた。大型客船が海を走り、当時の人々の目を見張らせたが、その速度は限定的で、帆船はなおも姿を消していなかった。

無知の減少を顕著に示す事柄は、以前よりも強力にさらに一般化された。しかし、それに関しても冷静でなければならない。「小さな祖国」に根付いていた学校や、探検、新たな動植物、民族誌学により熱心だった新聞雑誌は、地球に関する知識を根本的に変えることはなかった。それらの目的は別のところにあったのだ。

知識の大衆化は地球を謎や恐怖のより少ないものにしてくれるはずだったが、十九世紀後半においては限定的なものにとどまった。たしかに、アカデミーや高等研究施設の年報や報告書のような主要科学機関の出版物は、専門家や一部の教養ある愛好家によって読まれていた。さらに、本書で紹介した一連の印刷媒体やルイ・フィギエやカミーユ・フラマリオンのような偉大なる専門知識の普及者の著作は、フランスにおいて大部分は大小都市の大衆のなかで無知を減少させるのに有益に作用した。

市立図書館、教区図書館、大衆図書館、学校図書館など、あらゆる種類の図書館では、地球を取り扱った書物はきわめて少数で、貸出もごくわずかだった。それらの図書館で成功を収め、読者の好みに合致していた、科学知識を大衆化する唯一の経路は、最新の小説、とくにジュール・ヴェルヌ、メイン・リード大尉、グザヴィエ・マルミエという三人の作家の小説だった。ヴェルヌは本書で取り上げた知のあらゆる部門において最重要の役割を果たした。マルミエの作品は北方が掻き立てる魅惑に対応し、その小説は極地文学の広がりを強固にしていた。

たしかに、若き日のジョン・ラスキン、エミール・ゾラ、レフ・トルストイ、マルセル・プルーストはおそらく、ヴォルテール、ルソー、シャトーブリアン、さらにはゲーテなどよりも地球のことをはるかによく知っていた。それでも、彼らの無知は相変わらず大きなものではあった。とはいえ、人々の全体でも、誰もが知っていること以上に地球のことを知っている人はあまりいなかった。その後、ようやく無知の階層化が急速に広がって今日に至るのだ。

一八八〇年頃、世界地図の輪郭が描かれた。本当の意味での地球科学にたいする情熱が沸き立つ時代がやって来たと思われかけたが、実際にはそうではなかった。

今日、本書で取り扱った対象だけに限っても、無知の階層化は急速に拡大した。情報科学、ナノテクノロジー、人工知能、ロボット工学の交差する影響下で可能になった知識は、あまりにも膨大で目眩がするほどだ。宇宙の研究や、暗黒物質、無数の星雲、ブラックホール、太陽の構造などに向けられた探求は底知れぬ疑問を提起することにつながるのだが、その疑問は当然、地球やその運命に関係する。

ホモ・サピエンスはいまや、ほんの数十年前に考えられていたよりもはるかに長い歴史をもつ存在である。宇宙考古学は過去の知識を一変させた。最近までその存在を考えもしなかった多数の小型哺乳類が恐竜と共生し、恐竜に引き続いて数千年も存続したことが発見されている。それらの数例は——ほかにもたくさんあるだろうが——宇宙における地球の位置、地球にのしかかる脅威、地球に住む個体の歴史的長さが問題となるとき、各自に自身の無知がいかに大きいかを知らしめてくれる。

そのような考察はより一般的な社会的射程をもつ。何度も言うように、三〇年ほど前から、無知の階層化は目も眩むような規模で拡大している。そしてそれは人と人との関係に重くのしかかっている。無知の多様化が個人間のやりとりを妨げているのだ。そのことはインターネット接続やソーシャル・ネットワークの時代に逆説的なことに思えるかもしれない。その多様化はおそらく、カフェやかつて田舎社会の活力を養っていた様々な種類の居酒屋の凋落と同様に、パリのビストロの凋落とも無縁ではないだろう。自発的で楽しい会話が人々のあいだで交わされるためには、知識と無知が広く共有されていることが不可欠なのである。そうでないと、各自が自分の殻に引きこもってしまうのだ。

こうした社会的影響は無知やその測定を歴史的に重要な研究領域としている。昔の人間を知り、理解することは、彼らが何を知らなかったのかを考慮に入れることを前提とする。そのようなやり方によって彼らの判断や思考の枠組みが解明されるのだ。だから私はこのささやかな本を無知の歴史の礼賛として構想したのである。

謝辞

本書の刊行に協力してくれたファブリス・ダルメイダ、執筆に寄り添ってくれたシルヴィ・ル・ダンテック、原稿を確認してくれたアヌーシュカ・ヴァザックに感謝する。

訳者あとがき

本書は、Alain Corbin, *Terra Incognita : Une histoire de l'ignorance, XVIIIe-XIXe siècle*, Albin Michel, 2020. の全訳である。原題の「テラ・インコグニタ（Terra Incognita）」はラテン語で「未知なる大地《テラ》」を意味する。西洋文明が地球の南半球について十分な知識を有していなかった時代、そこには「テラ・アウストラリス」と呼ばれる未知の南方大陸が存在すると考えられていたが、地図上でそのような場所は「テラ・インコグニタ」として示されていた。本書が取り上げるのは、西洋人にとって未知なるものであった、そうした領域の数々である。だが対象となるのは、北極や南極のような未踏であった地球の表面にとどまらない。地底、深海、空など、到達することも調査することもできず、謎に包まれていた地球のさまざまな側面が考察の対象とされている。したがって、本書では「テラ」は大地ではなく地球全体のことを指し示し、それに関する知識不足、すなわち無知がここでは問題となっている。

歴史家アラン・コルバンは、その無知の歴史を解明するために、十八世紀半ばから十九世紀末までの約一五〇年間を射程として定めている。啓蒙の世紀と呼ばれる十八世紀は、それまでの神学的世界観を離れて、理性による自然現象の認識が追求された時代である。本書の出発点となる一七五五年のリスボン地震にしても、もはや以前のように神が与えた罰としてそれを説明することはできなかった。しかし、そうした自然現象について、現代のわれわれが知る、科学的に正確な知識がすぐに獲得されたわけではもちろんない。重要なのは、不正確な知識を積み重ねながら、学者たちは解きがたい謎を打破すべき無知として意識し始めたということだろう。それによって、学問的洗練があらゆる分野においてその一五〇年の間に進行し、無知は徐々に減少していったのである。本書で語られるのは、科学知識の歴史ではなく、無知を自覚し、克服するための試行錯誤の歴史であり、それを反映した世界観の歴史である。コルバンが提示する壮大な無知のパノラマは、過去の人間の頭のなかで、われわれの生きるこの地球がどのように表象されていたのかを見事に描き出し、歴史的状況が、知識とともに、無知や恐怖、想像的なものによって織りなされていることを明らかにする。

知っていることの歴史ではなく、知らないことの歴史に着目するとは、まさにアラン・コルバンの面目躍如といったところだが、興味深いのは、コルバンが知識と無知のあいだに想像的なものを位置づけ、その働きをつねに強調している点である。コルバンが愛読するジュール・ヴェルヌの空想の世界が、知識と無知のあいだに広がるものであることは言うまでもない。ベルナルダン・ド・サン＝ピエールが言うように、無知はたしかに想像を刺激し、芸術作品を生み出す力となり得る。だがその一方で、アルプス山脈について書かれたアルブレヒト・ハラーの詩が登山の流行をもたらし、それが地質学の開花につながったのだとすれば、感性的な刺激が無知の減少のきっかけとなったともいえる。また、雲についてゲーテが記した繊細な科学的分析が、神学的世界観に支配された精神の無知を打ち砕くと同時に、文学的感性の領域を拡大したことも注目に値する。過去の人間が何を知り、何を知らなかったかを理解することは、コルバンの真骨頂である、感性の広がりを探知することに結びつくのだ。

コルバンは雑誌のインタビューで、現在のわれわれの無知について問われ、次のように答えている。「当然、誰もが宇宙のことや無限小の世界のことを思い浮かべるでしょう。二〇〇年後にわれわれの子孫は人類の起源に関するわれわれの無知に啞然とするかもしれません」(『シアンス&ヴィ』二〇二〇年五月号)。本書をとおして無知の歴史を外側から眺めている現代のわれわれも、当然のことながら、その歴史の只中にいる。本書がフランスで刊行されたのは二〇二〇年二月末、つまり新型コロナが世界的に蔓延し始めた時期のことである。それ以後、人類は未知の感染症に翻弄され、恐怖が無知によって増幅された。科学が飛躍的に進歩したにもかかわらず、SNSの時代において無知は新たなかたちで階層化し、知らないものにたいする不安はいまも根強い。無知の歴史のなかでは、「乾いた霧」の原因を知らず、世界の終末を覚悟した二〇〇年前の人々と、われわれ現代人は精神的にそう隔たってはいないのだろう。

本書が取り扱う学問領域は、地質学、火山学、氷河学、海洋学、気象学、水理学など、多岐にわたっている。訳出に際しては、一般の読者が読みやすいように工夫したつもりだが、それぞれの分野の専門家から見れば不自然なところがあるかもしれない。また、原著にある、人名、地名、日付の誤記は、英訳も参照して、訳者の判断で訂正した。

末筆ながら、編集の労をとり、多くの貴重な助言を与えてくれた藤原書店の刈屋琢さんに、この場を借りて心より感謝申し上げます。

二〇二三年九月

築山和也

(11) このような大衆化については、以下を参照。Frédérique Rémy, *Le Monde givré*, *op. cit.*, p.145 *sq*.

第九章　地球知識に関する大衆化の遅さ

(1) これに関しては次の重要な論文に示唆を得た。Vincent Duclert et Anne Rasmussen, « Les revues scientifiques et la dynamique de la recherche », dans Jacqueline Pluet-Despatin, Michel Leymarie, Jean- Yves Mollier (dir.), *La Belle époque des revues (1880-1914)*, Saint- Germain-la-Blanche-Herbe, Éditions de l'IMEC, 2002, p. 237-255. 以下も参照。Bernadette Bensaude-Vincent et Anne Rasmussen (dir.), *La Science populaire dans la presse et l'édition (XIXe-XXe siècles)*, Paris, CNRS, 1997.

(2) Daniel Reichvag et Jean Jacques, *Savants et ignorants. Une histoire de la vulgarisation des sciences*, Paris, Seuil, coll. « Sciences », 1991.

(3) Céline, *Mort à crédit*, Paris, Gallimard, coll. « Folio », 1952, p. 360.

(4) この前後の記述については、上で挙げた Jean-Pierre Chaline の文献のほか、以下を参照。Robert Fox et George Weisz (dir.), *The Organisation of Science and Technology in France, 1808-1914*, Cambridge University Press/Editions de la Maison des sciences de l'homme, 1980, p. 241-282; Stephane Gerson, *The Pride of Place, Local Memories and Political Culture in Nineteenth-Century France*, Ithaca/Londres, Cornell University Press, 2003.

(5) « La bibliothèque des "Amis de l'instruction" du IIIe arrondissement de Paris », dans Pierre Nora (dir.), *Les Lieux de mémoire*, t. I, *La République*, Paris, Gallimard, 1984. たとえば、以下を参照。Agnès Sanders (dir.), *Des bibliothèques populaires à la lecture publique*, Lyon, Presses de l'Enssib, 2014; Alan Ritt Baker, « Les bibliothèques populaires françaises et la connaissance géographique (1860-1900) », dans Agnès Sanders (dir.), *ibid.*, p. 283-295.

(6) ブリーヴの大衆図書館の蔵書と活動の詳細な研究には以下のものがある。Alain Corbin, « Du capitaine Mayne Reid a Victor Margueritte : l'évolution des lectures populaires en Limousin sous la IIIe République », *Cahier des Annales de Normandie*, n° 24, recueil d'études offert a Gabriel Désert, 1992, p. 453-467.

(7) リムーザン地方の学校図書館に関するあれこれについては、以下を参照。Alain Corbin, *Archaïsme et modernité en Limousin au XIXe siècle* [1975], Paris, Presses universitaires de Limoges, 1998, t. I, p. 359-361.

(8) Agnès Sanders (dir.), *Des bibliothèques populaires à la lecture publique*, *op. cit.*, p. 185.

(9) Chanet François, *L'École républicaine et les petites patries*, Paris, Aubier, 1996.

(10) Élisée Reclus, « L'avenir de nos enfants », dans Élisée Reclus et Pierre Kropotkine, *La Joie d'apprendre*, Éditions Héros- Limite, 2018, p. 50, 72, 173-175.

(11) それについては以下を参照。Laurence Guignard, « Les installations célestes. Simulations du cosmos à l'exposition universelle de 1900 », p. 1-13.

p. 169.

(10) Élisée Reclus « Le bassin des Amazones et les Indiens », *Revue des Deux Mondes*, 15 juin 1862, cité par Numa Broc, *ibid.*, p. 170.

(11) Élisée Reclus, *Histoire d'un ruisseau*, Arles, Actes Sud, coll. « Babel », 2005.

(12) Numa Broc, *ibid.*, p. 160.

(13) ベルンにおける「河川の源泉問題」についての会議で合意された（以下を参照。*ibid,* p.170)。

第七章　地表の新たな解読

(1) 1860年代以降、もう一つの議論が地質学者たちをとりこにした。それは地球が変形するかどうかという議論である。地球は変形しないのか、それとも、ある種の粘性や弾力性ゆえに、地球に働く力に応じて形を適合させるのだろうか？　しかし、何人かの専門家たちの狭いサークルの域を出ないこのような論争は強調しないでおこう。本章に関しては、すでに挙げた以下の二つの重要な書物を参照。*Voyage à l'intérieur de la Terre*, de Vincent de Paris et Hilaire Legros, et *Une histoire de la géographie physique*, de Numa Broc.

(2) Conrad Malte-Brun, *Précis de géographie universelle ou Description de toutes les parties du monde*, 1803-1807.

(3) 地質学の分野で、地球を構成する鉱物全般の形成とその変化、位置、成分の研究を目的とする。

(4) ニュマ・ブロックの引用。Numa Broc, *Une histoire de la géographie physique*, *op. cit.*, p. 104.

(5) 前章を参照。

第八章　北極に不凍海は存在したのか？

(1) Chantal Edel, « La course aux pôles », *Reliefs*, nº 3, 2016, p. 34.

(2) これらすべての遠征については、以下を参照。Frédérique Rémy, *Histoire des pôles*, *op. cit.*; Bertrand Imbert et Claude Lorius, *Le Grand Défi des pôles*, *op. cit.*

(3) 北西航路は1903年にオスロを出発したアムンゼンによって1905年にようやく越えられた。

(4) それについては、以下を参照。Frédérique Rémy, *Le Monde givré*, *op. cit.*, p. 82 *sq.*

(5) *Ibid.*, p. 173.

(6) *Ibid.*, p. 151.

(7) *Ibid.*, p. 96-97.

(8) *Ibid.*, p. 106, 109.

(9) *Ibid.*, p. 124.

(10) Jules Verne, *Aventures du capitaine Hatteras*, Paris, Gallimard, coll. « Folio classique », 2005, chap. xxi, « La mer libre », p. 579-590.

（3）その点については、以下を参照。Numa Broc, *Une histoire de la géographie physique*, *op. cit.*, t. I, p. 191-192.

第四章　火山調査と地震学の確立

（1）Dominique Bertrand (dir.), *L'Invention du paysage volcanique*, *op. cit.*, p. 8.

（2）ルクリュやミシュレの引用は以下の文献による。Thank-Van Ton-That, « Entre géographie et poésie : les paysages volcaniques d'Élisée Reclus », dans Dominique Bertrand (dir.), *ibid.*, p. 109-110.

（3）上記については、以下を参照。Numa Broc, *Une histoire de la géographie physique*, *op. cit.*, p. 138-139.

（4）Patrick Boucheron, « Le Krakatoa », dans Pierre Singaravelou, Sylvain Venayre (dir.), *Histoire du monde au XIXe siècle*, Paris, Fayard, 2017, p. 331-336.

（5）それらの科学理論については、以下を参照。Numa Broc, *Une histoire de la géographie physique*, *op. cit.*, t. I, p. 141-144.

第五章　氷の帝国を測定する

（1）それらの点については、以下を参照。*Ibid.*, p.127-128, 130-131.

（2）*Ibid.*, p. 131. アルベール・ド・ラパランの引用も同様。

（3）1824年にジョゼフ・フーリエはすでに「温室効果」を見抜いていたことを指摘しておこう。

（4）Frédéric Zurcher et Élie Margollé, *Les Glaciers*, gravures sur bois par L. Sabatier, Paris, Hachette, coll. « Bibliotheque des merveilles », 1868.

（5）そのクラブの歴史については、以下を参照。André Rauch, « Naissance du Club alpin français. La convivialité, la nature et l'État (1874-1880) », dans Pierre Arnaud (dir.), *La Naissance du mouvement sportif associatif. 1879-1914*, Lyon, Presses universitaires de Lyon, 1986, p. 275-285.

第六章　水流のさまざまな謎の解明に向けて——河川学、水理学、洞穴学

（1）あるいは河川とその影響についての研究。

（2）Victor Hugo, *Le Rhin, in Œuvres complètes, Voyages*, Paris, Robert Laffont, 1987, p. 99.

（3）*Ibid.*, p.97.

（4）*Ibid.*, p.100.

（5）*Ibid.*, p.119.

（6）*Ibid.*, p.232.

（7）*Ibid.*, p.234.

（8）*Ibid.*, p.252, 253.

（9）Élisée Reclus « Le Mississipi, Études et souvenirs », *Revue des Deux Mondes*, 15 juillet et 1er août 1859, cité par Numa Broc, *Une histoire de la géographie physique*, *op. cit.*, t. I,

Lorius, *Le Grand Défi des pôles* [1987], Paris, Gallimard, coll. "Découvertes, Histoire", 2006; 以下も参照。Frédérique Rémy, *Histoire des pôles, op. cit.*

(2) 付け加えると、カナダが2014年と2015年に行った調査活動で、イヌイットの伝承が助けとなり、海岸でエレバス号の残骸と装具が発見された。それによって遭難のいきさつには変更が生じた。というのも、エレバス号は数名のクルーとともに再び海を航行していたのであり、したがってその数名は船を諦めた仲間たちに追従しなかったことが証明されたからだ。

(3) Gillen d'Arcy Wood, *L'Année sans été, op. cit.*, p. 173.

第III部　地球と無知の減少（1860-1900年）

第一章　深海調査

(1) 偶然にも私の大叔父の一人は19世紀から20世紀の転換期に大西洋横断ケーブルでその仕事をしており、そのため定期的に居場所を変えていた。

(2) Numa Broc, *Une histoire de la géographie physique*, Perpignan, Presses universitaires de Perpignan, 2010, t. I, p. 196.

(3) 以下に引用。*ibid.*

(4) ユゴー『海の労働者』（1866年）、ヴェルヌ『海底二万里』（1870年）。

(5) Jean-René Vanney, *Le Mystère des abysses, op. cit.*, p. 229.

(6) 以下に引用。*ibid.*

(7) *Ibid.*, p.252.

第二章　大気力学の確立

(1) Joëlle Dusseau, *Jules Verne et la mer*, à paraître.

(2) Alain Corbin, « Le paquebot ou la vacuité de l'espace et du temps », dans Alain Corbin (dir.), *L'Avènement des loisirs*, Paris, Aubier, 1995, p. 62-80.〔アラン・コルバン『レジャーの誕生』（渡辺響子訳、藤原書店、2010年）、第2章「教養としての余暇から有閑階級の余暇へ」〕

(3) それらの詳細については、以下を参照。Fabien Locher, *Le Savant et la Tempête, op. cit.*

(4) それらの点については、以下を参照。Numa Broc, *Une histoire de la géographie physique, op. cit.*, t. I, p. 359 *sq.*

(5) その論争については、以下を参照。Fabien Locher, *Le Savant et la Tempête, op. cit.*, p. 83-104.

第三章　空中旅行、対流圏と成層圏

(1) その点については、以下を参照。Fabien Locher, « Explorer l'atmosphère », dans *Le Savant et la Tempête, op. cit.*, p. 176-188.

(2) Camille Flammarion cité dans *ibid.*, p. 175.

l'année sans été », dans David Spurr et Nicolas Ducimetiere (dir.), *Frankenstein créé des ténèbres*, Paris, Fondation Martin Bodmer/Gallimard, 2016.

(5) Gillen d'Arcy Wood, *L'Année sans été*, *op. cit.*, p. 33.

(6) これに続く体験談に関しては以下を参照。*Ibid.*

(7) *Ibid.*

第四章　深海と知られざるものの恐怖

(1) Jean-René Vanney, *Le Mystère des abysses*, *op. cit.*, p. 141.

(2) *Ibid.*, p. 142.

(3) *Ibid.*, p. 149.

(4) その点に関しては以下を参照。*Ibid.*, p. 151-153.

(5) *Ibid.*, p. 163.

第五章　雲の解読とビューフォート風力階級

(1) Richard Hamblyn, *L'Invention des nuages*, *op. cit.*

(2) ルーク・ハワードの用語法については以下を参照。Anouchka Vasak, « L'invention des nuages (Luke Howward, 1803) », dans Pierre Glaudes et Anouchka Vasak (dir.), *Les Nuages*, *op. cit.*, p. 154-163.

(3) Richard Hamblyn, *L'Invention des nuages*, *op. cit.*

(4) Goethe, "La forme des nuages selon Howard", dans Luke Howard, *Sur les modifications des nuages*, Paris, Hermann, 2012, p. 221.

(5) Fabien Locher, *Le Savant et la Tempête. Étudier l'atmosphère et prévoir le temps au XIX*[e] *siècle*, Rennes, PUR, 2008.

(6) Victor Hugo, *La Mer et le Vent*, cité par Françoise Chenet, « Hugo ou l'art de déconcerter les anémomètres », dans Michel Viegnes (dir.), *Imaginaires du vent*, Paris, Imago, 2003, p. 304-305.

(7) 同じ時期、アレクサンダー・ダリンプルによる分類も存在したが、それは採用されなかった。ビューフォート風力段階については、以下を参照。Richard Hamblyn, *L'Invention des nuages*, *op. cit.*, p. 229-233.

(8) Fabien Locher, *Le Savant et la Tempête*, *op. cit.*, p. 14 *sq.*

(9) 以下の見事な修士論文には、この段落全体を例証する文章が実に豊富に集められている。 Raphael Troubac, *Le théâtre que des hommes voyaient pour la première fois : les impressions physiques et morales des premiers hommes à avoir atteint de hautes altitudes en ballon (1783-1850)*, mémoire de maitrise sous la direction d'Alain Corbin, université Paris I-Panthéon-Sorbonne, 1999.

第六章　謎が解けない極地

(1) ここまでの記述については、とくに以下を参照。Bertrand Imbert et Claude

第II部　ゆっくりと減少した無知（1800-1850年）

第一章　氷河についての理解

（1）このテーマに関しては、とくに以下を参照。Frédérique Rémy, *Histoire de la glaciologie* (*op. cit.*) et *Le Monde givré* (Paris, Hermann, 2016). また、以下の文献も参考にした。Marc-Antoine Kaeser, *Un savant séducteur. Louis Agassiz (1807-1873), prophète de la science,* Neuchâtel, Éditions de l'Aire, 2007.

（2）*Ibid.*, p.106.

（3）Frédérique Rémy, *Histoire de la glaciologie*, *op. cit.*, p.80.

（4）Marc-Antoine Kaeser, *Un savant séducteur*, *op. cit.*, p. 112.

第二章　地質学の誕生

（1）1830年にはまだ地質学と地理学は明白に区別されていた。その二重性が西洋の各地で行われた調査を形成していたし、またそれをしばしば不明瞭なものにもしていた。

（2）Jean-Pierre Chaline, *Sociabilité et érudition. Les sociétés savantes en France, XIX*[e]*-XX*[e] *siècles*, Paris, CTHS, 1998.「博学主義（polymatisme）」は「関心の多様性」を意味する。

（3）Odile Parsis-Barube, *La Province antiquaire. L'invention de l'histoire locale en France (1800-1870)*, Paris, CTHS, 2011.

（4）アラン・コルバン『浜辺の誕生――海と人間の系譜学』、前掲書。

（5）Vincent de Paris et Hilaire Legros, *Voyage à l'intérieur de la Terre*, *op. cit.*, p. 300.

（6）Gustave Flaubert, *Bouvard et Pécuchet*, Paris, Gallimard, coll. « Folio classique », 1979, p. 139-162. 書誌に以下の大著を追加しておこう。Jean Goguel (dir.), *La Terre* (Paris, Gallimard, coll. « Encyclopédie de la Pléiade », 1959). 無知の歴史は心理的時代錯誤との闘いの土台であることを忘れてはならない。

第三章　火山と「乾いた霧」の謎

（1）このテーマについての最初の重要な研究は次の文献である。Richard B. Stothers, « The Great Tambora Eruption and Its Aftermath », *Science*, 15 juin 1984, p. 1191-1197. つい最近出版された情報豊富な集大成は Gillen d'Arcy Wood, *L'Année sans été. Tambora, 1816 : le volcan qui a changé le cours de l'histoire*, Paris, La Decouverte, 2016. である。以下に続く体験談に関しては同書に負っている。

（2）*Ibid.*, p. 88.

（3）Wolfgang Behringer, *Tambora un das Jahr ohne Sommer. Wie ein Vulkan die Welt in die Krise Stürzte*, Munich, Beck, 2015. この最初の危機がウイーン会議の開催と重なっていることを指摘しておこう。

（4）以下に続く画家や作家に関しては次の文献を参照。Anouchka Vasak, « 1816,

op. cit., p. 113 *sq.*

(7) *Ibid.*

(8) この先の内容については、以下を参照。Alexis Drahos, *Orages et tempêtes, volcans et glaciers. Les peintres et les sciences de la Terre au XVIII*^e^ *siècle*, Paris, Hazan, 2014.

(9) 以下に引用。Alexis Drahos, *Orages et tempêtes, volcans et glaciers, op. cit.*, p. 67.

(10) Genevieve Goubier-Robert, « De la fulguration sadienne aux foudres républicaines », dans Jacques Berchtold Emmanuel Le Roy Ladurie, Jean-Paul Sermain et Anouchka Vasak (dir.), *Canicules et froids extrêmes, op. cit.*, p. 430.

(11) 一連の噴火については、以下を参照。Richard Hamblyn, *L'Invention des nuages*, Paris, Jean-Claude Lattes, coll. « Essais et documents », 2003, p. 73-74.

(12) David Mc Callam, « Un météore inédit : les brouillards secs de 1783 », dans Thierry Belleguic et Anouchka Vasak (dir.), *Ordre et désordre du monde*, Paris, Hermann, 2013. これに続く引用についても同書（p. 369-386.）を参照。

第九章　恐るべき大気現象

(1) Richard Hamblyn, *L'Invention des nuages, op. cit.*, p. 117-121.

(2) Olivier Jandot, *Les Délices du feu. L'homme, le chaud et le froid à l'époque moderne*, Ceyzerieu, Champs Vallon, coll. « Epoques », 2017.

(3) Madeleine Pinault-Sorensen, « Lignes, couleurs et mots des météores », dans Thierry Belleguic et Anouchka Vasak (dir.), *Ordre et désordre du monde…, op. cit.*, p. 424.

(4) Shakespeare, « Antoine et Cleopatre », dans *Théâtre*, Paris, Gallimard, coll. « Bibliotheque de la Pleiade », 1952, t. II, p. 842.

(5) 以下に引用。Richard Hamblyn, *L'Invention des nuages, op. cit.*, p. 114.

(6) Karine Becker, « (…) leur prêter des traits, un corps, une âme, un nom (Lamartine) », dans Pierre Claudes et Anouchka Vasak (dir.), *Les Nuages. Du tournant des Lumières au crépuscule du romantisme (1760-1880)*, Paris, Hermann, 2017, p. 215.

(7) 以下を参照。Jean Vassord, *Les Papiers d'un laboureur au Siècle des lumières. Pierre Bordier : une culture paysanne*, Ceyzerieu, Champ Vallon, 1999.

(8) Alain Corbin, *Histoire de la pluie*, Paris, Flammarion, coll. « Champs », 2017 ; *id.*, *Les Cloches de la Terre*, Paris, Albin Michel, 1994.〔アラン・コルバン『音の風景』（小倉孝誠訳、藤原書店、1997 年）〕

(9) Muriel Collart, « La fabrique des nuages. Une simulation expérimentale au XVIIIe siècle », dans Pierre Glaudes et Anouchka Vasak (dir.), *Les Nuages, op. cit.*, 2017, p. 85.

(10) Bernardin de Saint-Pierre, *Études de la nature, op. cit.*, p. 465.

(11) Horace-Benedict de Saussure, *Voyage dans les Alpes, op. cit.*, p. 237-238.

(12) Anouchka Vasak, *Météorologies. Discours sur le ciel et le climat des Lumières au romantisme*, Paris, Honore Champion, 2007, p. 78. 1788 年 7 月 13 日の雷雨について書かれた見事な章から抜粋。

(4) Francois Dagognet, *Essai philosophique sur la thérapeutique médicale. L'évolution des idées sur l'oxygène et la cure d'air*, thèse, université de Lyon, 1958.
(5) Horace Benedict de Saussure, *Voyages dans les Alpes*, Geneve, Georg, 2002, p. 171.
(6) *Ibid.*
(7) Claude Reichler, *La Découverte des Alpes et la question du paysage, op. cit.*, p. 69.
(8) Philippe Joutard, *L'Invention du mont Blanc*, Paris, Gallimard, coll. « Archives », 1986.
(9) Horace Benedict de Saussure, *Voyages dans les Alpes, op. cit.*, p. 194.
(10) 山の認識的豊富さについては、雷雨、洞窟、氷河の謎を取り扱う章でまた触れる。
(11) それらについては、以下を参照。David McCallam, « Face à la mort blanche : conceptions du froid extrême dans les avalanches et dans les neiges au XVIIIe siècle », dans Jacques Berchtold, Emmanuel Le Roy Ladurie, Jean-Paul Sermain et Anouchka Vasak (dir.), *Canicules et froids extrêmes, op. cit.*, p. 97-108.

第七章　理解できない氷河

(1) Frédérique Rémy, *Histoire de la glaciologie*, Paris, Vuibert, 2008, p. 8.
(2) Claude Reichler, *La Découverte des Alpes et la question du paysage, op. cit.*, p. 122-123.
(3) Frédérique Rémy, *Histoire de la glaciologie, op. cit.*, p. 73.
(4) *Ibid.*, p. 77.
(5) Claude Reichler, *La Découverte des Alpes et la question du paysage, op. cit.*, p. 35.
(6) *Ibid.*

第八章　火山の魅惑

(1) Grégory Quenet, *Les Tremblements de terre au XVIIe et XVIIIe siècles, op. cit.*, p. 469.
(2) Alexander von Humboldt, *Cosmos. Essai d'une description physique du monde*, Thizy/Paris, Utz, 2000, t. I, p. 220-239.
(3) 以下の内容は次の重要な書物から拝借している。Dominique Bertrand (dir.), *L'Invention du paysage volcanique*, Clermont-Ferrand, Presses universitaires Blaise-Pascal, 2004. 以下も参照。Antonella Tufano, *Les Paysages volcaniques. Les mythes, la science, l'art*, Paris, EHESS, 2000.
(4) Dominique Bertrand, « Décrire l'Etna à la Renaissance : entre mémoires culturelle et autopsie », dans *ead.* (dir.), *L'Invention du paysage volcanique, op. cit.*, p. 39-46.
(5) ウィリアム・ハミルトンとその重要性については、以下を参照。Jean Arrouye, « Le paysage volcanique scientifique dans les *Campi phlegræi* de William Hamilton », dans Dominique Bertrand (dir.), *L'Invention du paysage volcanique, op. cit.*, p. 71-82.
(6) それらについては、以下を参照。Friedrich Wolfzettel, « Flora Tristan et les volcans sublimes », dans Dominique Bertrand (dir.), *L'Invention du paysage volcanique*,

献も参照。Muriel Brot, *Destination Arctique. Sur la représentation des glaces polaires du XVIᵉ au XIXᵉ siècle*, Paris, Hermann, 2015.

(3) *Ibid.*, p. 90.

(4) Frédérique Rémy, *Histoire des pôles*, *op. cit.*, p. 11.

(5) *Ibid.*, p. 12.

(6) 上記については以下を参照。*Ibid.*, p. 39-43.

(7) *Ibid.*, p. 92.

第五章　深海の解きがたい謎

(1) Jean-René Vanney, *Le Mystère des abysses. Histoire et découvertes des profondeurs océaniques*, Paris, Fayard, coll. « Le temps des sciences », 1993, p. 74. 実地の経験を持つ著者によるこの見事で詩情豊かな書物は多くの引用に値する。

(2) *Ibid.*, p. 12.

(3) *Ibid.*, p. 75, 76.

(4) *Ibid.*, p. 76.

(5) 以下を参照。Alain Corbin et Hélène Richard (dir.), *La Mer. Terreur et fascination*, Paris, BnF/Seuil, 2004.

(6) Jean-René Vanney, *Le Mystère des abysses*, *op. cit.*, p. 133. それらの点については、以下の重要な書物も参照。拙著『浜辺の誕生――海と人間の系譜学』の第1章では、同書を豊富に利用した。Margaret Deacon, *Scientists and the Sea, 1650-1900. A Study of Marine Science*, Londres/New York, Academic Press, 1971.

(7) Jean-René Vanney, *Le Mystère des abysses*, *op. cit.*, p. 123.

(8) *Ibid.*

(9) *Ibid.*, p. 125. もちろんメートル法に換算した数字である。

(10) Alain Corbin, *Le Territoire du vide*, *op. cit.*, p. 128-129.〔アラン・コルバン『浜辺の誕生――海と人間の系譜学』、第II部第2章〕

(11) Jean-René Vanney, *Le Mystère des abysses*, *op. cit.*, p. 142 et Benoit de Maillet, *Telliamed ou Entretien d'un philosophe indien avec un missionnaire français*, Amsterdam, chez l'auteur, 1748.

第六章　山の発見

(1) Serge Briffaud, *Naissance d'un paysage, la montagne pyrénéenne à la croisée des regards (XVIᵉ-XIXᵉ siècle)*, Toulouse, archives des Hautes Pyrénées/CIMA-CNRS-Université de Toulouse-Le Mirail, 1994, préface d'Alain Corbin. 以下の段落ではこの見事な研究が利用されている。

(2) *Ibid.*, notamment p. 171.

(3) Claude Reichler, *La Découverte des Alpes et la question du paysage*, Genève, Georg, 2002, p. 35.

(11) Muriel Brot, « La vision matérialiste de Diderot », dans Anne-Marie Mercier-Faivre et Chantal Thomas (dir.), *L'Invention de la catastrophe au XVIIIe siècle*, *op. cit.*, p. 75-91.
(12) Grégory Quenet, *Les Tremblements de terre aux xviie et XVIIIe siècles*, *op. cit.*, p. 348.

第二章　地球の年齢

(1) Alain Corbin, *Le Territoire du vide. L'Occident et le désir de rivage (1750-1840)*, Paris, Aubier, 1988 ; Flammarion, coll. « Champs », 1990.〔アラン・コルバン『浜辺の誕生——海と人間の系譜学』福井和美訳、藤原書店、1992 年〕
(2) Bossuet, *Œuvres*, Paris, Gallimard, coll.« Bibliothèque de la Pléiade», 1961, p. 1472.
(3) La Bruyere, *Les Caractères*, Paris, Le Livre de poche, 1995, p. 602.
(4) アッシャーの『年表』(*Chronologie sacrée*)。
(5) Buffon, *Des époques de la nature*, dans *Œuvres*, Paris, Gallimard, coll. « Bibliotheque de la Pleiade », 2007, p. 1193-1342.
(6) そのことはすでに『地球の理論』(1749 年）に書かれていたようだ。
(7) ビュフォンは地球の中心が燃焼しているという考えは退けている。
(8) Osmo Pekonen et Anouchka Vasak, *Maupertuis en Laponie. À la recherche de la figure de la Terre*, Paris, Hermann, 2014.
(9) Bernardin de Saint-Pierre, *Études de la nature*, *op. cit.*, p. 129.

第三章　地球の内部構造を思い描く

(1) Vincent Deparis et Hilaire Legros, *Voyage à l'intérieur de la Terre. De la géographie antique à la géophysique moderne. Une histoire des idées*, Paris, CNRS Editions, 2002, p. 18. 以下の文章はこの出色の研究にその多くを負っている。
(2) *Ibid.*, p. 142.
(3) *Ibid.*, p. 113 *sq.*
(4) Emmanuel Kant, cité dans *ibid.*, p. 198-199.
(5) Buffon, *Théorie de la Terre*, edition 1749.
(6) Vincent Deparis et Hilaire Legros, *Voyage à l'intérieur de la Terre*, *op. cit.*, p. 232, 233.
(7) *Ibid.*, p. 233.

第四章　極地に関する無知

(1) Frédérique Rémy, *Histoire des pôles. Mythes et réalités polaires. 17e-18e siècles*, Paris, Editions Desjonqueres, 2009, p. 31. 本書の第 I 部は、この見事な書物にその多くを負っている。
(2) 以下に引用。Muriel Brot, « À la recherche des passages du Nord-Est et du Nord-Ouest. Le regard des navigateurs sur l'Arctique, de Wilhem Barentsz à James Cook », dans Jacques Berchtold, Emmanuel Le Roy Ladurie, Jean-Paul Sermain et Anouchka Vasak (dir.), *Canicules et froids extrêmes*, Paris, Hermann, 2012, p. 75. また、以下の文

原　注

序　包括的な歴史は、無知の歴史を前提とする

(1) Bernardin de Saint-Pierre, *Études de la nature*, Publications de l'université de Saint-Étienne, 2007, p. 463-464.

(2) *Ibid.*, p.463.

第Ⅰ部　啓蒙時代における地球知識の乏しさ

第一章　リスボンの「大惨事」(1755 年)

(1) この最初の数段落はトマ・ラベが近年刊行した大著『中世における自然災害』(*Les Catastrophes naturelles au Moyen Âge*(Paris, CNRS Éditions, 2017, p. 185, 188)) に示唆を受けた。

(2) Jean Delumeau, *La Peur en Occident. XIVe-XVIIIe siècles. Une cité assiégée*, Paris, Fayard, 1978.〔ジャン・ドリュモー『恐怖心の歴史』永見文雄訳、新評論、1997 年〕

(3) Thomas Labbé, *Les Catastrophes naturelles au Moyen Âge*, *op. cit.*, p. 294-295.

(4) 大惨事が示す合図の重要性はトマ・ラベやフィリップ・ベネトンが強調している。ベネトンはニッコロ・マッシモについての著作 (*Niccolò Massimo. Essai sur l'art d'écrire de Machiavel*, Paris, Éditions du Cerf, 2018) のなかでマキャヴェッリ時代のフィレンツェにおける合図としての大惨事の重要性について詳述し (*ibid.*, p.66-67)、マキャヴェッリが 1456 年の凄まじい竜巻について言及している『フィレンツェ史』の章の一つを引用している。

(5) Abbé Brémond, *Histoire littéraire du sentiment religieux en France* [1916-1932], Paris, Armand Colin, 1969. そのような潮流については本書をとおして再度詳述することになるだろう。

(6) この「大惨事」についての以下の記述は 2 冊の主要な書物に示唆を受けている。Grégory Quenet, *Les Tremblements de terre aux XVIIe et XVIIIe siècles. La naissance d'un risque*, Seyssel, Champ Vallon, 2005 ; Anne-Marie Mercier-Faivre et Chantal Thomas (dir.), *L'Invention de la catastrophe au XVIIIe siècle. Du châtiment divin au désastre naturel*, Genève, Droz, 2008.

(7) *Ibid.*, p. 8.

(8) Grégory Quenet, *Les Tremblements de terre aux XVIIe et XVIIIe siècles*, *op. cit.*, p. 358.

(9) 震災に関する情報については、以下の文献を参照。Anna Saada, « Le désir d'informer : le tremblement de terre de Lisbonne », dans Anne-Marie Mercier-Faivre et Chantal Thomas (dir.), *L'Invention de la catastrophe au XVIIIe siècle*, *op. cit.*, p. 209-230.

(10) Grégory Quenet, *Les Tremblements de terre aux XVIIe et XVIIIe siècles*, *op. cit.*, p. 367.

ワ　行

マ　行

ヤ　行

ラ　行

ナ　行

ハ　行

サ 行

タ 行

人名索引

原注を除く本文（訳注を含む）から採った。

ア　行

カ　行

ワ 行

マ 行

ヤ 行

ラ 行

ナ　行

ハ　行

地名索引

原注を除く本文（訳注を含む）から採った。

ア　行

カ　行

著者紹介

アラン・コルバン（Alain Corbin）

1936年フランス・オルヌ県生。カーン大学卒業後、歴史の教授資格取得（1959年）。リモージュのリセで教えた後、トゥールのフランソワ・ラブレー大学教授として現代史を担当（1972-1986）。1987年よりパリ第1大学（パンテオン=ソルボンヌ）教授として、モーリス・アギュロンの跡を継いで19世紀史の講座を担当。現在は同大学名誉教授。

“感性の歴史家”としてフランスのみならず西欧世界の中で知られており、近年は『身体の歴史』（全3巻、2005年、邦訳2010年）『男らしさの歴史』（全3巻、2011年、邦訳2016-17年）『感情の歴史』（全3巻、2016-17年、邦訳2020-22年）の3大シリーズ企画の監修者も務め、多くの後続世代の歴史学者たちをまとめる存在としても活躍している。

著書に『娼婦』（1978年、邦訳1991年・新版2010年）『においの歴史』（1982年、邦訳1990年）『浜辺の誕生』（1988年、邦訳1992年）『音の風景』（1994年、邦訳1997年）『記録を残さなかった男の歴史』（1998年、邦訳1999年）『快楽の歴史』（2008年、邦訳2011年）『知識欲の誕生』（2011年、邦訳2014年）『処女崇拝の系譜』（2014年、邦訳2018年）『草のみずみずしさ』（2018年、邦訳2021年）『雨、太陽、風』（2013年、邦訳2022年）『木陰の歴史』（2013年、邦訳2022年）など。（邦訳はいずれも藤原書店）

訳者紹介

築山和也（つきやま・かずや）
1966年、静岡県生まれ。ナント大学文学博士。1999年、慶應義塾大学大学院文学研究科博士課程単位取得退学。現在、慶應義塾大学文学部教授。専門は19世紀フランス文学。訳書に、アラン・コルバン『知識欲の誕生――ある小さな村の講演会 1895-96』（藤原書店刊）、ミシェル・ヴィノック『知識人の時代――バレス／ジッド／サルトル』（共訳、紀伊國屋書店刊）、A・コルバン／J-J・クルティーヌ／G・ヴィガレロ監修『身体の歴史 II』（共訳、藤原書店刊）、A・コルバン／J-J・クルティーヌ／G・ヴィガレロ監修『感情の歴史 II』（共訳、藤原書店刊）がある。

未知《みち》なる地球《ちきゅう》――**無知《むち》の歴史《れきし》 18–19 世紀《せいき》**

2023年9月30日　初版第1刷発行©

訳　者　築　山　和　也
発行者　藤　原　良　雄
発行所　株式会社　藤　原　書　店

〒162-0041　東京都新宿区早稲田鶴巻町523
電　話　03（5272）0301
ＦＡＸ　03（5272）0450
振　替　00160 - 4 - 17013
info@fujiwara-shoten.co.jp

印刷・製本　中央精版印刷

落丁本・乱丁本はお取替えいたします
定価はカバーに表示してあります
Printed in Japan
ISBN978-4-86578-397-1

感性の歴史という新領野を拓いた新しい歴史家

アラン・コルバン（1936-）

「においの歴史」「娼婦の歴史」など、従来の歴史学では考えられなかった対象をみいだして打ち立てられた「感性の歴史学」。そして、一切の記録を残さなかった人間の歴史を書くことはできるのかという、逆説的な歴史記述への挑戦をとおして、既存の歴史学に対して根本的な問題提起をなす、全く新しい歴史家。

「嗅覚革命」を活写

においの歴史（嗅覚と社会的想像力）

A・コルバン
山田登世子・鹿島茂訳

アナール派を代表して「感性の歴史学」という新領野を拓く。悪臭を嫌悪し、芳香を愛でるという現代人に自明の感受性が、いつ、どこで誕生したのか？　十八世紀西欧の歴史の中の「嗅覚革命」を辿り、公衆衛生学の誕生と悪臭退治の起源を浮き彫る名著。

Ａ５上製　四〇〇頁　**四九〇〇円**
（一九九〇年一二月刊）◇978-4-938661-16-8

LE MIASME ET LA JONQUILLE　Alain CORBIN

浜辺リゾートの誕生

浜辺の誕生（海と人間の系譜学）

A・コルバン
福井和美訳

長らく恐怖と嫌悪の対象であった浜辺を、近代人がリゾートとして悦楽の場としてゆく過程を抉り出す。海と空と陸の狭間、自然の諸力のせめぎあう場、「浜辺」は人間の歴史に何をもたらしたのか？

Ａ５上製　七六〇頁　**八六〇〇円**
（一九九二年一二月刊）◇978-4-938661-61-8

LE TERRITOIRE DU VIDE　Alain CORBIN

近代的感性とは何か

時間・欲望・恐怖（歴史学と感覚の人類学）

A・コルバン
小倉孝誠・野村正人・小倉和子訳

女と男が織りなす近代社会の「近代性」の誕生を日常生活の様々な面に光をあて、鮮やかに描きだす。語られていない、語りえぬ歴史に挑む。〈来日セミナー〉「歴史・社会的表象・文学」収録（山田登世子、北山晴一他）。

四六上製　三九二頁　**四一〇〇円**
（一九九三年七月刊）◇978-4-938661-77-9

LE TEMPS, LE DÉSIR ET L'HORREUR　Alain CORBIN

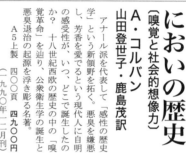